开家咖啡馆

咖啡馆
招牌饮品

[韩] 申颂尔 著

梁超 刘凝 译

U0125399

机械工业出版社
CHINA MACHINE PRESS

1 35 种手调基底制作及 100 种家庭饮料

不单单介绍饮料的制作方法,还详细介绍饮料的核心——糖渍、浓缩汁、糖浆、饮品粉、水果干等基础做法。足足有35种手调基底的介绍。将这些熟练掌握,无论何时都可以在家享受美味的饮品。

2 咖啡馆人气饮品及特别秘制饮品

收录了咖啡馆人气饮品的制作方法。其中有很多是作者从事饮品咨询时研发的菜单。另外还介绍了一些备受好评的特别秘制饮品。

3 咖啡馆饮品调制秘密大公开

同一杯饮品为什么在咖啡馆喝起来和在家里喝的不一样呢?秘密就在细节里。书中告诉你100个小诀窍,让你家的厨房也能变成专业的饮品店。

4 材料规格及食材的用量标准

▶ 所有冰饮皆以16盎司(473毫升)1杯为标准。

▶ 所有热饮皆以8盎司(236毫升)1杯为标准。

▶ 成品杯以200毫升的量杯为标准。

▶ 1量杯=$1\frac{1}{9}$纸杯。

▶ 本书食谱的饮品调制中的大勺是以标准量勺为基本单位。
  糖渍水果1大勺量勺=满满$1\frac{1}{3}$大勺饭勺(包含糖渍水果中的水果片)
  浓缩汁1大勺量勺=满满1大勺饭勺
  糖浆1大勺量勺=满满1大勺饭勺
  饮品粉1大勺量勺=满满$1\frac{1}{3}$大勺饭勺

▶ 本书食谱中所用的白糖也可换成黄糖、黑糖与红糖,但可能会改变饮品颜色。

基底

接骨木花浓缩汁

饮品 1
翠绿接骨木花茶

饮品 2
青柠接骨木花茶

饮品 3
柠檬接骨木花茶

美味的家庭饮品调制的黄金比例

◎ 糖渍水果：水 =1：3

   浓缩汁：水 =1：4

用糖渍水果或浓缩汁与沸水混合调制热饮时，糖渍果或浓缩汁与沸水的比例以1：3（包含糖渍水果片）、1：4为宜。也可以根据自己的喜好适当调整糖渍水果或浓缩汁的量。如果想要比较顺滑的口感，推荐使用硬度较高的矿泉水。如果使用桶装纯净水煮沸后调制，因其含氧量较少，没有办法做出美味的热饮。倒水时，手握茶壶的手臂尽量倾斜45度，从上往下倒水，这样可以让水里的含氧量更高，饮品也就更加美味了。

◎ 糖渍水果：气泡水 =1：3

   浓缩汁：气泡水 =1：4

这是在家中可以制作的最简单的夏季饮品。用糖渍水果调制饮品时，需要将其中的水果片一同放入，气泡水要以原味为主。如果喜欢比较呛鼻的感觉，推荐使用泰国产的瓶装气泡水。如果想降低气泡的口感，品尝食材原本的味道，推荐用气泡水制造机来制作气泡水。

◎ 糖渍水果：碳酸饮料 =1：6

   浓缩汁：碳酸饮料 =1：7

碳酸饮料的甜度较高，因此在调制饮品时，要稍稍减少糖渍水果和浓缩汁的用量。碳酸饮料的碳酸很容易挥发掉，所以要购买185毫升以下的小瓶装碳酸饮料。另外，要在含糖量较高的碳酸饮料中加入新鲜水果片，因为水果可以吸收甜味，稍稍降低甜度。

◎ 水果：水：冰 = 1：0.5：1

调制果昔时，根据主食材的不同，制作方法也有差异。使用新鲜水果时，水果和冰的用量相同，但水的用量仅需一半，将所有材料搅碎，就做出了美味的果昔。使用冷冻水果时，不需要添加冰块，只加入水果和等量的水即可。若要使用草莓、蓝莓等莓类水果，冷冻的更加方便，而要使用苹果、梨、葡萄、橘子等水果时，使用新鲜的则更好。

◎ 香草茶：气泡水 = 1：60

香气浓郁、色泽美观的香草总是可以制作出清凉感满满的饮品。若用气泡水代替普通的水加入到饮品当中，清凉感更强。此时，如果再加入些许自制糖浆，整个饮品会变得更加完美。如果希望调制出红色的饮品，推荐加入洛神花，如果想调制出蓝色的饮品，则推荐加入紫罗兰。

◎ 红茶：牛奶 = 1：20

即使放一点点红茶，颜色也会变深，所以比起其他食材，红茶需要少放。根据个人的喜好，可以在调制时加入少量水，即可泡出清新爽口的奶茶。红茶：牛奶：水是1：15：5。在牛奶中添加红茶时，选取BOP等级的茶叶最合适。也可以使用茶包来代替茶叶，一个茶包含1.5~2克红茶。

◎ 咖啡：牛奶 = 1：4

咖啡和牛奶的比例以1：4为宜。如果喜欢浓郁的咖啡味，推荐使用深焙的咖啡豆；若想制作口感香醇的拿铁，则推荐使用中焙的咖啡豆。如果想在冰滴咖啡中加入牛奶，可以先将咖啡装入瓶中，放置一天之后再制作，这样味道会更加浓郁。

目录

PART 1

用自制糖渍调制的饮品

PART 2

用浓缩汁调制的饮品

CONTENTS

PART 3
用糖浆调制的饮品

PART 4

用饮品粉调制的饮品

PART 5

用水果干调制的饮品

制作家庭饮品前的准备

制作家庭饮品前的准备

一年四季的水果小常识

若要将水果制成美味的饮品，就要选择应季的水果来制作成糖渍和浓缩汁。这样一来，一年四季就都可以品尝。在保存的时候需要了解一下作为主食材的水果的常识。

◎ 水果常识 1　糖渍和浓缩汁的差别

要格外注意水果的味道、香气、颜色。选择水果的时候，不要选那些过于香甜或颜色太鲜艳的水果，这些水果可能已经存放了一段时间。挑选用来制作糖渍的水果时，要避免过熟的，应该选择坚硬的、新鲜的。而制作需要加热的浓缩汁时，则可以选择熟透的水果。

◎ 水果常识 2　水果的分类

柑橘类：香气重、酸味浓，汁多。如柠檬、橘子、青柠、橙子、西柚等。

浆果类：籽多，大多呈串状。果肉柔软香甜。如草莓、葡萄、无花果、蓝莓、覆盆子等。

核果类：外皮柔软、果汁多。如李子、桃子、杏子、樱桃等。

仁果类：有坚硬的果仁，果肉肥厚多汁，容易保存。如苹果、梨、木瓜等。

◎ 水果常识 3　制作各类饮品适合的水果

汽水：柠檬、橘子、橙子、西柚、草莓、葡萄、无花果、蓝莓、覆盆子等。

果汁：苹果、梨、橘子、青柠、橙子、西柚等。

果昔：李子、桃子、杏子、樱桃、葡萄、无花果、蓝莓、覆盆子等。

◎ 水果常识 4　我国四季水果

春季：草莓、蓝莓、樱桃、杨梅、枇杷、桑葚。

夏季：桃、西瓜、荔枝、龙眼、哈密瓜、香瓜、芒果、火龙果、百香果、香蕉、葡萄、菠萝、木瓜、波罗蜜、无花果、杏、李子。

秋季：葡萄、梨、柿子、山楂、柚子、橘子、猕猴桃、苹果、石榴、橙子、枣。

冬季：丑橘、冰糖心苹果、芦柑、冬枣、草莓。

糖的种类及使用方法

糖是制作家庭饮品时非常重要的食材。制作糖渍、浓缩汁、糖浆、饮品粉、水果干，没有不需要糖的。除了我们熟知的白糖、红糖、黑糖外，还有用各种材料调制的糖品。需要了解各种糖的特性，根据需要来使用。

◎ 白糖

在制作糖的过程中，白糖是最先提炼出来的，而且是纯度最高、最干净的糖。如果想要保持咖啡、红茶原本的味道，可以使用白糖。本书中介

◎ 黑糖

经过了长时间的熬制，比白糖更加黏稠，更易结成团块。调制红茶糖浆或咖啡糖浆等颜色较深的糖浆时，可以适当添加。甜度比白糖、黄

◎ 木糖醇

从白桦、枫树中萃取出的糖。甜度为白糖的60%。木糖醇可以将人体对糖的吸收率降为39.9%。其颗粒精致小巧，适合做糖渍水果。

◎ 塔格糖

从苹果、芝士中萃取出的调料，甜度为白糖的92%。具有抑制饭后血糖上升的功能，热量为白糖的1/3。

◎ 阿洛酮糖

阿洛酮糖是存在于葡萄干、无花果、小麦等中的甜味成分。甜度为白糖的70%；热量为每克0.2千卡，约为一般糖的5%。适合制作糖渍和糖浆时使用。

◎ 玉米糖浆

玉米糖浆是一种柔软的棕色糖浆，具有天然的味道，口感香醇，颜色深。主要用于制作甜点，在制作饮料或糖浆时可以稍微加一点，更添风味。

饮料基底的保存容器

长时间制作的糖渍、浓缩汁、糖浆、饮品粉等饮料基底，根据存放容器形态的不同，味道、香味、保质期也会有所不同。要根据不同饮料基底的特性，选择适当的容器保存。

◎ 糖渍 → 瓶身矮、瓶口大

熟透之后，需要冷藏保存的糖渍应该选择瓶口大、瓶身矮的容器。这样可以让糖渍水果的果片能够轻松捞出。未开封的状态下可以保存六个月，开封之后建议在三个月之内食用完毕。

◎ 饮品粉 → 瓶身矮、瓶口大

饮品粉适合用瓶口大的容器。瓶子不宜太大，否则容易受潮，使饮品粉酸化，所以每次尽量少制作一点。瓶盖要盖好，避免阳光直射。

◎ 糖浆 → 瓶身高、瓶口小

由于糖浆每次只使用一点点，所以适合瓶身高、瓶口小的容器。根据里面
装的东西不同，保存期限也有所差异，一般是1~3个月冷藏保存。瓶口需要
保持干净，不要沾上糖浆，这样才可以保存较长时间。

◎ 浓缩汁 → 瓶身高、瓶口小

浓缩汁是将果肉加热之后，连同果肉一起发酵熟化，去掉果肉，保留液体
制作而成的。所以要选用瓶身高、瓶口小的容器便于倾倒液体。一定要冷
藏保存，这样可以保存六个月以上。

◎ 水果干 → 瓶子或拉链袋

为了避免水果干变形，推荐使用瓶口大的容器或拉链袋保存。将每一次的
用量分好，单独装袋。量多的时候可以用拉链袋装好放入冰箱冷冻保存。

制作饮品时需要的工具

调制家庭饮品时需要几种必需的工具。拥有这些基本的工
具，在家也可以制作出美味的饮品！

◎ 咖啡壶的滤杯和过滤器

滤杯的形状和构造不同，所萃取出的咖啡口感也
有所不同。其中具有代表性的就是哈利欧（Hario）
咖啡壶，用该壶煮的咖啡味道醇香，而卡莉塔
（Kalita）则适合煮味道偏淡的咖啡。过滤器根据大
小、形态的不同，制作出的咖啡口感也是不同的。

◎ 法压壶

法压壶原本是萃取咖啡的工具，因使用方便，也经
常用来泡茶。在烫过的法压壶中倒入咖啡或茶，加
热水泡3~4分钟后，萃取出茶或咖啡。一次可以泡
出3~4杯500毫升的饮品基底。

◎ 茶壶

制作热茶的时候必须使用的工具。使用之前需要先
烫一下，之后放入茶叶，倒热水浸泡，用滤网过滤
掉茶叶，香喷喷的茶汤就做好了。红茶需要浸泡2
分钟，香草茶则需要浸泡4分钟。

◎ 过滤网

茶泡好后用于过滤茶叶的工具。如果茶叶的叶子比
较小，可以使用双层滤网；如果需要过滤奶茶那种
碎茶叶时，建议使用三层滤网，这样才能过滤出没
有杂质的干净茶汤。

◎ 搅拌机

根据用量的不同，分为手持搅拌机、大容量搅拌
机。最近很受欢迎的是动力强劲的高速搅拌机。制
作果昔或星冰乐时，可以用来打碎冰块或将冰淇淋
打成泥，非常方便。使用之后要清洗干净。如果有
划痕的话很容易滋生细菌。

保存容器的消毒方法

消毒方式有两种：一是在沸水中消毒；二是用消毒液消毒。在家中一般使用沸水消毒的办法。当日消毒的容器建议当日使用。

◎ 沸水消毒法

在锅中倒入凉水，将容器倒放，开始加热。水量以覆盖至容器的1/3为宜。水沸腾后，继续加热10分钟左右，之后用夹子取出容器，放到铁网上。或者将瓶子倒放在预热至100℃的烤箱中，将其烘干。瓶盖放到沸水中稍微烫一下取出即可消毒，如果将其放入沸水中煮的话，瓶盖里面的橡胶垫容易松动，会失去密封的功能。

◎ 消毒液消毒法

用洗洁精清洗容器的内外与瓶口，洗净后用干布擦干。然后将消毒液与水混合稀释后放入喷雾瓶中，将消毒液喷到容器的外侧，使其自然晾干。除了容器，其他厨房用品也可以用这种方法消毒。

冷热饮的成品杯选择

成品杯的选择很大程度影响着饮品的味道。选择合适的成品杯，能够增添饮品的味道和香气。这里将对热饮和冷饮各自所需的成品杯进行介绍。

🔴HOT 拿铁杯

圆筒杯身、杯口较宽的320毫升容量的拿铁杯适合盛装上面有一层奶泡的拿铁咖啡，即使容量相同，比起瘦长的杯子，直径更大、杯口更宽的杯子更合适。这种杯子也适合盛装美式咖啡。

🔴HOT 浓缩咖啡杯

又叫小咖啡杯。容量为80毫升。主要用来盛装浓缩咖啡，也很适合作为小型量杯使用。

🔴HOT 双倍浓缩咖啡杯

容量为130毫升，也可用来盛装冰淇淋，刚好可以装入一个冰淇淋球，很适合作为冰淇淋的量杯。

🔴HOT 卡布奇诺杯

容量为220毫升，可以感受到奶泡风味的特别成品杯。也可以盛装热巧克力、红茶等饮品。如果是能够放入烤箱的材质，也可以作为杯子蛋糕的盛装容器。

◎ 热饮的种类

水果茶：水果干或手调糖渍＋热水

红　茶：红茶叶或红茶包＋95℃的热水

咖　啡：浓缩咖啡＋水或奶泡

香草茶：干香草＋热水

🧊 海波杯

杯子容量大，适合盛装量大的饮品。如莫吉托、水果汽水等饮品，可以先放入食材，再加入冰块，最后倒入汽水。也适合在夏日盛装啤酒。

🧊 洛克杯

经常用于盛装白咖啡或黑咖啡。由于玻璃厚、质地坚硬，可以盛装冷热饮、咖啡、茶等。

🧊 无柄酒杯

无柄酒杯的外观像是红酒杯去掉手柄的样子。适合盛装果汁、果昔等饮料，也可以盛装杯子甜品，如提拉米苏、慕斯蛋糕等。

🧊 柯林杯

杯口和杯底的直径相同，能够将果汁等饮品的清凉感很好地表现出来。因为碳酸等气体不易排出，所以适合盛装碳酸基底的饮料。

◎ 冷饮的种类

冰茶：水果＋煮好的茶

汽水：水果＋气泡水或碳酸饮料

奶昔：冰淇淋＋牛奶

果昔：水果或蔬菜＋水＋冰

用自制糖渍调制的饮品

最近自制糖渍人气很高。在家制作的糖渍可以自由调节甜度，以适合自己的口味。也不用担心添加了人工色素和香料。如今一年四季都可以吃到水果，而且随着冷冻技术的进步，保存水果更方便了。如果有吃剩的水果，不要担心，将其制成糖渍水果吧。制作的过程将成为你美好的记忆，让你的饮品更加熠熠生辉。

◎ **主食材** 甜度高、香气重的水果

糖渍的主食材是水果和蔬菜。糖分多的糖渍水果可以当作饮料的原液来使用。用生姜、萝卜、辣椒等制作的糖渍蔬菜也可以作为替代调味料使用。制作糖渍使用的水果的甜度越高，糖的用量就要越少。

◎ **注意事项** 要擦干食材和工具上的水分

在制作糖渍之前，需要先把所有材料上的水擦干。刀、砧板、保存容器等都不能有水。如果有水残留，容易让糖渍腐烂，味道也会改变，保存期限也随之变短。

◎ **制作重点** 根据水果的甜度调节糖的用量

糖渍制作的成败在于糖的用量。主食材和糖的基本用量比为1∶1，但可以根据水果的甜度，将糖的用量减少至水果的50%~80%。如果糖的用量减少至水果的50%时，一定要冷藏保存，保存时间不可以超过一星期。

◎ **保存方法** 根据种类的不同，保存期限为
1~3个月

根据食材种类的不同，保存方法和保存期限也有所不同。水分含量高的糖渍西柚在冷藏室可以保存一个月，但酸味强的糖渍柠檬、糖渍青柠可以在冷藏室保存三个月。如果想延长保存时间，则需要放入冰箱冷藏室的里侧，并用干燥的勺子来舀取。也可以用保鲜膜覆盖在瓶口来防止糖渍水果接触到氧气。

糖渍西柚

西柚很难把皮剥干净，若想省事，可以将其做成糖渍水果，这样随时都可以享用。西柚本身的甜度很高，制作成糖渍时，可以将糖的用量减少至20%左右。西柚的水分充足，酸度低，糖溶化之后要立即放入冰箱冷藏。制作过程中，如果添加一些柠檬汁，口感将更好。注意要用红色果肉的西柚，虽然红肉与黄肉味道没有什么差别，但是红肉的香气更胜一筹。

中型西柚 1 个（400 克）、白糖 1 杯（180 克）、柠檬汁 2 大勺

1. 将西柚洗净，擦干水。
2. 用削皮刀削出三条约2厘米长的果皮。
3. 去掉西柚皮及白色薄膜，留下果肉备用。如果留下白色的薄膜做成糖渍的话，口感会变差，所以需要去干净。
4. 在容器中放入西柚果肉，再加入白糖、柠檬汁，用勺子碾碎70%左右的果肉。
5. 将步骤 2 的果皮贴附在保存容器的瓶身上，再倒入糖渍西柚。
6. 在常温下静置一天后冷藏保存。

01 西柚汽水

西柚的果肉一入口就能感受到果汁迸发的口感，再配上汽水简直是味道满分。要想给西柚汽水增添一丝氛围，可以在成品杯中添加1~2片西柚切片。

糖渍西柚	4大勺
气泡水	1杯（200毫升）
冰块	1杯
西柚切片	2片

1. 准备一个杯口较宽的成品杯。
2. 将糖渍西柚连同果肉一同放入成品杯中。
3. 在成品杯中加满冰块。
4. 在杯身贴上西柚切片。
5. 倒入气泡水，用搅拌棒上下搅拌均匀后即完成。

巧用果皮

大多数果皮中都有水果的香味。如果觉得在家中做的糖渍味道太淡，那么可以在制作时放入适量果皮。这样会增加水果本身的香味，也会让糖渍水果的香气更加浓郁。

02 西柚冰绿茶

在糖渍西柚中加入绿茶调制的饮品，很受欢迎。充满茉莉花香的绿茶

和糖渍西柚以1：4的比例混合，如果绿茶过多味道就会变苦。

糖渍西柚	4 大勺
茉莉绿茶	1 大勺（5 克）
热水	1/2 杯（100 毫升）
冰块	1 杯
装饰用的食用花	少许

1. 在茶壶中加入茉莉绿茶，倒入热水，泡3分钟。
2. 3分钟之后用过滤网滤掉茶叶。
3. 在成品杯中放入冰块，再加入糖渍西柚和步骤 2 的茶汤。
4. 上下搅拌均匀，在成品杯上方放置食用花即完成。

冲泡绿茶和红茶

泡茶时，茶叶的用量约为3克，泡的时间约为3分钟。根据茶叶的酸化度不同，适合的温度也有区别。绿茶是75℃，红茶是95℃，温度适宜，才会有淡淡的茶香。在冲泡用作饮品基底的茶叶时，需要增加茶叶的用量。

03 西柚冰沙

用西柚和冰制作的饮品。在炎热的夏日里，没有比冰沙更能消暑的了。不妨试试用各种各样的水果来制作冰沙吧。香甜清爽的冰沙会让全家，特别是小孩子喜欢的不得了。

糖渍西柚	6大勺
水	1/2 杯（100 毫升）
冰块	2杯
西柚切片	1片
迷迭香	少许

1. 在搅拌机中加入1杯冰块。
2. 再加入糖渍西柚，加水，第一次搅拌。
3. 搅拌一会儿，再将另一杯冰块加入，第二次搅拌。此时，会出现碎冰的质感。
4. 在成品杯中倒入步骤 3 的冰沙，用西柚切片和迷迭香装饰即完成。

COOKING TIP 每次放一半的冰搅拌

在用冰块制作饮品时，要分次放入。如果一次全部放入，那么饮品就会变淡，而且冰块的质感也不好。先放一半冰块，和食材一同搅拌。然后再加入另外一半冰块再次搅拌，最后一同倒入成品杯中。

04 粉红西柚茶

在家中想用糖渍西柚制作饮品时，总因为颜色和市面上的有差异而感到失望吧？此时如果使用木槿茶包，可以让饮品的颜色和味道提升一个档次，一杯红色的西柚茶便呈现眼前。

糖渍西柚	4大勺
木槿茶包	1包
热水	1杯（200毫升）
开水	适量

1. 在茶壶和成品杯中各倒入1/2的开水，烫30秒。
2. 在烫好的茶壶中加入木槿茶包和热水，泡3分钟左右。
3. 在烫好的成品杯中加入糖渍西柚。
4. 在成品杯中倒入木槿茶，搅拌均匀即完成。

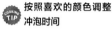 **按照喜欢的颜色调整冲泡时间**

木槿花茶根据泡的时间不同，颜色也会有差异。香草茶一般需要泡4分钟，如果想要泡出粉红色的西柚茶，需要3分钟左右。如果想要泡出红色的西柚茶，则需要5分钟左右。

糖渍青葡萄

用无籽的青葡萄制作成的糖渍青葡萄有着绝佳的口感。青葡萄深得男女老少的喜欢，也是制作冰沙、汽水的合适水果。特别是和气泡水非常搭配，也可以和菠菜、羽衣甘蓝等蔬菜一起调制出五彩斑斓的饮品。制作糖渍青葡萄时如果先切除青葡萄的两端，就可以长久保持美丽的色泽。如果一星期内没有吃完，需要放入冰箱冷冻保存。

青葡萄 2 杯（200 克）、白糖 1 杯（180 克）、柠檬汁 1 大勺、白醋 1 大勺

1. 青葡萄放入醋水中浸泡5~10分钟。需要注意不要泡太久，否则水果的味道会消失。
2. 将青葡萄放到厨房纸巾上，擦干水。
3. 切除青葡萄两侧容易变色的头尾。
4. 将一半青葡萄切成0.5毫米厚的片。
5. 在搅拌机中放入剩下的青葡萄、白糖、柠檬汁，均匀搅拌。这一步可以给青葡萄增加香气。
6. 在密闭容器中放入步骤 **5** 的成品和步骤 **4** 的切片，室温下静置一天后，冷藏保存。

05 青葡萄椰子汁

椰子汁虽然对健康有好处，但很多人却喝不惯其寡淡的味道。如果加一些糖渍青葡萄，口感就会变得丰富，连小孩子都会喜欢。如果仍然觉得太淡，可以再添加1小勺水蜜桃糖浆，味道会变得更加浓郁。

糖渍青葡萄	3大勺
椰汁	1杯（200毫升）
冰块	1杯

1. 准备一个杯口较宽的成品杯。
2. 加入糖渍青葡萄。
3. 加满冰块，倒入椰汁。
4. 如果想让口感更加清爽，可将椰汁放入冰箱冷藏保存。

加入椰子软糖 增加口感

在饮品中加入椰子软糖，可以让口感更丰富。就像珍珠奶茶一样，是特别解暑的饮品。要注意在制作饮品时买小颗的软糖为宜。

06 青葡萄甘蓝果昔

最近绿色的果昔人气颇高。糖渍青葡萄与甘蓝等黄绿色蔬菜竟然可以
搭配成美味的饮品。蔬菜和糖渍青葡萄可以让调制出的饮品兼具香甜
和微苦。

糖渍青葡萄	5大勺
羽衣甘蓝	2片
水	1/2杯（100毫升）
冰块	1杯

1. 将羽衣甘蓝去梗，切成适当的大小。
2. 在搅拌机中放入糖渍青葡萄和羽衣甘蓝。
3. 加入水和冰块，用最快的速度搅拌。新鲜菜叶需要快速搅碎，这样可以避免营养的流失。
4. 倒入杯口较小的成品杯中即完成。

COOKING TIP 用菠菜代替羽衣甘蓝

没有羽衣甘蓝时可以用菠菜代替。比起羽衣甘蓝，菠菜的体积更小，需要放入羽衣甘蓝两倍的量才能做出绿色的果昔。羽衣甘蓝味道苦涩，而菠菜味道甘甜。

<u>07</u> 青葡萄汽水

将气泡水或碳酸饮料与水果结合调制的汽水是最具代表性的夏季饮品。在享用之前，需要将沉淀在杯底的糖渍搅匀。青葡萄的香味如果不够，可以再加一些市售的青葡萄泥。

糖渍青葡萄	4大勺
气泡水	1杯（200毫升）
冰块	1杯
圆叶薄荷	少许

1. 在成品杯中加入糖渍青葡萄。
2. 加满冰块，倒入1杯气泡水。
3. 用圆叶薄荷装饰。
4. 饮用之前用搅拌棒上下搅拌更加美味。

最后倒入气泡水

气泡水晚点加入才可以维持其口感。糖渍水果容易沉在杯底，与气泡水自然分离，会形成有层次的饮品。

<u>08</u> 青葡萄果汁

青葡萄甜度高，没有酸味，如果只加水做成果汁，味道又会偏淡。此时，如果加一些糖渍青葡萄，就会做出味道浓郁的青葡萄果汁。青葡萄粒不易软化，制成饮品也可以享受果肉的咀嚼感。

糖渍青葡萄	2大勺
青葡萄	1杯（100克）
水	1杯（200毫升）
冰块	1.5杯

1. 在成品杯中加满1杯冰块备用。
2. 将1/2杯冰块搅碎备用。
3. 在搅拌机中放入糖渍青葡萄、青葡萄、水，搅拌。
4. 在装有冰块的成品杯中倒入 **3** 的果汁。
5. 在杯子的上方摆放碎冰即完成。

COOKING TIP

饮用青葡萄饮料的方法

由于青葡萄果汁很容易氧化成褐色，所以不能久放。最好在1~2小时内喝掉。通过榨汁方式取得的果汁则可以稍长时间维持住淡绿色的色泽。

糖渍猕猴桃

糖渍猕猴桃富含叶酸，对于成长中的儿童和孕妇非常有益。用糖渍猕猴桃制作饮品，色泽也非常美观。制作时要注意甜味和酸味的平衡。如果使用甜味更浓的黄金猕猴桃，需要添加柠檬或青柠增加酸味，并减少糖的用量。也可以在草莓、芒果饮品中加入一些糖渍猕猴桃，味道也非常好。

中型猕猴桃 3 个（180 克）、白糖 1 杯（180 克）、柠檬汁 1 大勺

1. 猕猴桃去皮，两侧的果蒂也要一同去除。
2. 将2个猕猴桃都切成1厘米见方的块。
3. 在碗中放入1整个猕猴桃、白糖、柠檬汁，碾碎搅拌。
4. 再加入猕猴桃小块，再次搅拌。
5. 放入密闭容器中，室温静置一天。
6. 冷藏保存即可。

09 猕猴桃酸奶

肠胃不适的人可以尝试一下这款饮品。富含纤维的猕猴桃可以促进肠
胃蠕动。在原味酸奶中加入糖渍猕猴桃来代替糖浆，更加美味。

糖渍猕猴桃	6大勺
原味酸奶	1杯（200毫升）
冰块	1.5杯
猕猴桃切片	3片

1. 在搅拌机中加入糖渍猕猴桃、原味酸奶、冰块，搅拌。
2. 准备杯口较宽的成品杯，在杯身贴上猕猴桃切片。
3. 在成品杯中倒入步骤1的猕猴桃酸奶即完成。

 加入其他食材做早餐

在猕猴桃酸奶中加入麦片、水果、坚果、杏仁片等食材，可以代替早餐。

<u>10</u> 猕猴桃薄荷冰茶

圆叶薄荷又称天然消化剂，经常制成饭后饮品，对消化很有好处。在糖渍猕猴桃中加入一些薄荷茶，就会成为有甜味的茶饮。在糖渍猕猴桃中加入一些马黛茶，也能做出类似的味道。

糖渍猕猴桃	5大勺
薄荷茶叶	1小勺（2克）
热水	1/2杯（100毫升）
冰块	1杯
猕猴桃切片	1片
圆叶薄荷	少许

1. 在热水中加入薄荷茶叶，冲泡3分钟。
2. 将泡好的薄荷茶叶用滤网过滤。
3. 在成品杯中加入糖渍猕猴桃。
4. 在成品杯中加入冰块、步骤 **2** 的薄荷茶，搅拌均匀。
5. 用猕猴桃切片和圆叶薄荷装饰即完成。

COOKING TIP **在糖渍猕猴桃中添加罗勒籽**

猕猴桃籽和罗勒籽的颜色、味道类似。在制作糖渍猕猴桃的最后阶段，可以加入1小勺很有人气的罗勒籽，促进消化。

糖渍青柠

青柠不仅可以搭配饮品，也可以搭配酒品，是非常好的基底材料。比起柠檬、西柚，青柠的价格更高，所以也可以选用冷冻的青柠。冷冻青柠在冻到80%的程度切开，可以维持原本的形状。青柠的绿色在浸泡一两天后就会消失，所以想维持这种绿色需要在糖溶化的时候就立即冷冻。在拌好糖之后可以用拉链袋分成几份再冷冻。

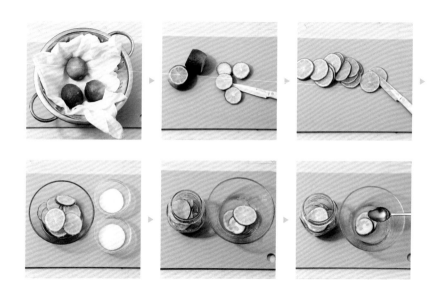

中型青柠 3 个（180 克）、阿洛酮糖、白糖各 1/2 杯（各 90 克）

1. 将青柠洗干净，擦干水。
2. 青柠两端各切除1厘米的厚度。
3. 去掉两端之后，再切成0.5毫米厚的圆片。
4. 阿洛酮糖和白糖以相同的比例混合。如果只用阿洛酮糖，可能甜味不够。
5. 将青柠切片放到密闭容器中，每一片都要撒上步骤 **4** 的糖。
6. 在常温下静置3天，再放入冰箱冷藏保存。

11 青柠思乐冰

在炎热的夏天可以给人带来满满清凉感的饮品。连同青柠切片一同放入搅拌机搅拌，会感受到微苦却又清爽的口感。如果不喜欢青柠的苦涩，可以在调制时用气泡水来代替白水。

糖渍青柠	4大勺
水	1杯（200毫升）
冰块	1.5杯
青柠切片	1片

1. 在搅拌机中放入糖渍青柠、青柠切片，倒入水，搅拌。
2. 加入冰块，再搅拌一次。
3. 将冰沙倒入准备好的成品杯中，用青柠切片装饰即完成。

冰饮的种类

冰饮根据冰块的质感分为沙冰、思乐冰、果昔等。如果说冰沙的口感和雪酪相似，那么果昔的口感就更加柔滑绵密。而思乐冰则介于两者之间。

12 青柠黄瓜饮

黄瓜的水分含量高，可以用作各种饮料和鸡尾酒的基底。如果不喜欢
黄瓜的土腥味，可以加一些糖渍青柠将其味道盖过。

糖渍青柠	4大勺
黄瓜纵切片	2片
水	1杯（200毫升）
冰块	1杯

1. 将黄瓜用削皮刀削出2片长形薄片。
2. 在成品杯中加入1片黄瓜片。
3. 加满半杯冰块，倒入2大勺糖渍青柠。
4. 在上面放上剩下的1片黄瓜片。
5. 将剩下的2大勺糖渍青柠和另一半冰块及水倒入即完成。

COOKING TIP 黄瓜要用削皮刀切片

黄瓜用削皮刀切片可以让黄瓜接触到水的面变宽，更容易释放黄瓜的香味。尽可能将黄瓜片削薄，这样既美味又美观。如果还是对黄瓜的土腥味感到不适，可以倒入一些玫瑰浓缩汁或玫瑰花瓣，这样可以中和一下味道。

<u>13</u> 莫吉托

莫吉托是美国作家海明威最喜欢的鸡尾酒，制作方法很简单。如果有糖渍青柠和圆叶薄荷的话，即使没有酒精产品，也可以做出一样的味道。

糖渍青柠	4大勺
圆叶薄荷	1/2 杯（5 克）
柠檬汁	1大勺
气泡水	1 杯（200 毫升）
冰块	1杯
青柠切片	1片

1. 将圆叶薄荷的叶子摘下备用，将冰块敲碎。
2. 在成品杯中放入糖渍青柠、柠檬汁，将圆叶薄荷放入。
3. 倒入敲碎的冰和气泡水，上下搅拌。
4. 用青柠切片装饰即完成。

莫吉托美味的核心

制作莫吉托时必需的材料有青柠、圆叶薄荷、柠檬汁。用青柠和柠檬的搭配来体现鸡尾酒中不可或缺的橙皮甜酒的味道。此时，柠檬汁与糖渍青柠的比例为1：4。

14 青柠香草茶

有一天，我收到了面包师傅朋友做的墨西哥青柠杯子蛋糕。那个蛋糕将
奶油和青柠很好地融为一体，非常美味。这个菜单就是受到那个味道的
启发。将焦糖玛奇朵或香草茶与橙类水果混合，会有牛奶的味道。

糖渍青柠	3大勺
香草红茶	1小勺（2克）
热水	1杯（200毫升）
开水	适量

1. 在茶壶和成品杯中各倒入1/2的开水，烫30秒。
2. 在烫好的茶壶中加入1小勺香草红茶、水，泡2分钟后过滤。
3. 在烫好的成品杯中加入糖渍青柠。
4. 倒入步骤 **2** 的香草红茶即完成。

冲泡芳香红茶

泡红茶最合适的时间为3分钟。如果冲泡带芳香气味的红茶时间更短一些。如果浸泡时间过长，红茶的涩味和香气会更浓，这样就掩盖住主食材的味道和香气了。

糖渍百香果

有着百种香味的百香果，是热带地区代表性的水果。百种香气中，有一种腥味，可以用柠檬汁将其掩盖住。制作糖渍百香果主要使用冷冻的百香果，需要将包裹住籽的白色薄膜部分去除。百香果和茉莉花茶、绿茶、乌龙茶都很搭配。饮用之前最好摇一摇，使其搅拌均匀，这样更加美味。

 ▶  ▶  ▶

中型百香果 3 个（240 克）、白糖 1 杯（180 克）、柠檬汁 2 大勺

1. 将冷冻的百香果切半，用勺子将籽挖出。
2. 在果肉上浇上柠檬汁，像腌肉一样浸泡5分钟，可以去除百香果的腥味。
3. 在步骤 2 的基础上加入白糖。
4. 搅拌均匀，直至糖完全溶化。
5. 糖溶化之后装入密闭容器，在室温环境下静置一天后，冷藏保存。

必须要先去除坚硬的果皮和籽中间的白色薄膜

百香果主要使用果中籽的部分，所以要将坚硬的果皮和籽中间的白色薄膜部分去掉。如果直接使用的话，糖渍的口感会大打折扣，味道也会变差。可以用勺子轻轻将薄膜刮掉。

15 百香果汽水

清凉的气泡水与百香果籽咀嚼的口感都可以在这个饮品中体验到。咬破百香果的籽会让味道更加不同，如果用粗的吸管，更能够品尝到百香果籽的颗粒感。

糖渍百香果	5大勺
气泡水	1杯（200毫升）
冰块	1杯
柠檬切片	1片

1. 在成品杯中加入糖渍百香果。
2. 在杯中加满冰块，倒入气泡水。
3. 用搅拌棒上下搅拌均匀。
4. 用柠檬片装饰即完成。

 用碳酸饮料代替气泡水

用碳酸饮料代替气泡水时，需要降低甜度。糖渍百香果的用量缩减为原来的3/5即可。百香果的籽不易破碎，所以用力摇晃也不必担心。

16 百香果综合莓果茶

莓果茶和玫瑰酒一样，有着粉红的色泽。放入综合莓果茶包，会让饮品呈现出更加明艳的粉色。与百香果的黄色相搭配，整个饮品会营造出夕阳般的浪漫气氛。

糖渍百香果	5大勺
综合莓果茶包	1包
热水	1/2杯（100毫升）
冰块	1杯

1. 在杯中倒入热水，加入莓果茶包，冲泡3分钟。
2. 在成品杯中倒入冰块，加入糖渍百香果。
3. 再倒入步骤1泡好的莓果茶。
4. 将茶包也一同放入，慢慢浸泡。

COOKING TIP **在饮品中加入茶包**

在饮品中加入茶包，可以预防饮品越喝越淡的情况。最近市销的饮品会在冰茶类的饮品中加入茶包。可以让整个品尝过程都有茶的香气和味道。

糖渍柠檬

糖渍柠檬无论是在炎热的夏天还是寒冷的冬日，都是备受欢迎的。因为它含有丰富的维生素C。在令人昏昏沉沉的夏天，来一杯柠檬汽水，可以让你迅速打起精神。制作糖渍柠檬时，一定要将柠檬两端带苦味的部位去掉。果胶包裹住的籽也要去掉，才能避免苦涩的味道。做糖渍柠檬时，建议使用甜度较低、口感更加细腻的木糖醇。

中型柠檬 2 个（200 克）、白糖 1 杯（180 克）

1. 将柠檬洗净，擦干水。
2. 将柠檬两端各切除2厘米后，将切除的部分的果皮（黄色的部分）用刀子切碎备用。橙子类的果皮有香味，一定不要扔掉。
3. 将切除两端后的柠檬切成0.5毫米厚的圆片，去籽。
4. 将步骤 **2** 的柠檬皮碎片与白糖混合，制成柠檬糖。
5. 将柠檬片放入密闭容器中，一层柠檬片一层柠檬糖地放入。
6. 在常温环境下静置3天后，冷藏保存。

17 柠檬茶

制作好糖渍柠檬就可以泡一杯热腾腾的柠檬茶了。不妨试着做一杯飘香四溢的柠檬茶吧，富含维生素C，美容养颜。

糖渍柠檬	4大勺
热水	1杯（200毫升）
开水	适量

1. 在茶壶和成品杯中各倒入1/2的开水，烫30秒。
2. 在烫好的茶壶中加入糖渍柠檬。
3. 再倒入热水，搅拌均匀。
4. 浸泡2分钟，不要去掉柠檬，倒入成品杯中即可。

 先预热成品壶

用热水将成品壶预热。预热之后加入冷藏好的糖渍水果，可以迅速缩减温差。

18 柠檬汽水

疲惫的时候，不如来一杯柠檬汁吧！酸酸甜甜富含维生素的柠檬汽水，可以为你补充能量，转换心情。稍微加一点盐，更添风味。

糖渍柠檬	4大勺
气泡水	1杯（200毫升）
冰块	1杯
盐	1小撮（0.2克）

1. 4大勺糖渍柠檬，每一勺要有1~2块柠檬片。
2. 将糖渍柠檬放到成品杯中，加入1小撮盐，搅拌均匀。
3. 加满冰块，倒入气泡水，上下搅拌即完成。

在饮料中加入盐

在柠檬汽水中加盐，可以增加有助于身体吸收的矿物质含量。如果身体疲惫，喝下此饮品，可以马上恢复元气，味道也变得更加丰富。

19 柠檬冰红茶

在炎热的夏季，一位卖热红茶的商人在红茶中添加了冰块，制成了冰红茶。自此之后的一百多年，冰红茶就成为一直备受欢迎的饮品。如果再添加一些酸酸甜甜的糖渍柠檬，会是什么味道呢？

糖渍柠檬	4大勺
坎迪红茶包	1包
凉白开	1杯（200毫升）
冰块	1杯
圆叶薄荷	少许

1. 凉白开中加入坎迪红茶包浸泡。
2. 1个小时后，取出茶包，加入含有柠檬片的糖渍柠檬。
3. 加满冰块，用勺子将糖渍柠檬和红茶搅拌均匀。
4. 用圆叶薄荷装饰即完成。

用太阳茶调制红茶

在冷浸泡茶的方法中，有一种叫作太阳茶泡法。在有阳光照射的窗边，用常温水泡红茶1个小时即可。比起冰箱里直接取出的冰水，常温浸泡能够让茶的味道更佳。

20 柠檬可乐

很久以前，咖啡厅里有很多樱桃或柠檬类的饮品。可乐中加入樱桃就
成了樱桃可乐，加入柠檬就成了柠檬可乐。现在让我们重现历史美
味吧。

糖渍柠檬	2大勺
可乐	1杯（200毫升）
冰块	1杯

1. 在成品杯中加入含有柠檬切片的糖渍柠檬。
2. 加满冰块，让糖渍柠檬降温。
3. 倒入1/2杯可乐，将食材搅拌均匀。
4. 倒入剩下的可乐即完成。

每次倒入1/2可乐

如果一次倒完可乐，很难将
糖渍水果上下搅拌均匀，如
果只倒入一半，搅拌之后再
倒入剩下的一半，容易搅
拌，味道也更好，还能避免
气泡快速挥发。

糖渍覆盆子

用颜色鲜艳的覆盆子做糖渍，不仅可以调制出美味的饮品，也可以用于烘焙。散发出清新的味道。如果没有覆盆子，也可以用山莓来代替。但山莓没有覆盆子酸，所以要加一些柠檬汁。2杯山莓要加3杯柠檬汁。该饮品富含花青素和维生素，有美容养颜之功效。

覆盆子 1.5 杯（240 克）、白糖 1.5 杯（270 克）

1. 取出冷冻的覆盆子。
2. 将冷冻状态下的覆盆子和白糖混合搅拌。
3. 放置室温下，等覆盆子解冻出水，每30分钟搅拌一次，让糖溶化。
4. 夏天的话，静置2小时并搅拌4次；冬天的话静置3小时搅拌6次。
5. 糖都溶化之后，用手动搅拌机搅拌5秒。
6. 将做好的食材放入密闭容器中，静置一天后即可使用。

21 覆盆子奶香苏打

在碳酸饮料中加入冰淇淋，可以调制出带有奶香味的气泡饮料。这是很多人喜爱的饮品之一。今天就让我们试着做一下覆盆子奶香苏打吧。

糖渍覆盆子	2大勺
香草冰淇淋	1勺
气泡饮料	1杯
	（200毫升）
冰块	1杯
圆叶薄荷	少许

1. 在杯口较宽的成品杯中加入2大勺糖渍覆盆子。

2. 加满冰块，倒入气泡饮料。

3. 再加上1勺冰淇淋。

4. 用勺子或吸管将冰淇淋压入杯中。

5. 用圆叶薄荷装饰。根据个人喜好增减圆叶薄荷的用量。

COOKING TIP **将冰淇淋压入杯中**

制作奶香苏打时一定要将冰淇淋压入杯中。然后冰淇淋会再次浮上来，生成细微的气泡，这些气泡可以让饮品变得更加美味。冰淇淋就会变成奶油一样，加上微微结冻的气泡，会有完全不同的口感。

22 覆盆子莫吉托

近年来在咖啡馆很容易品尝到莫吉托。有圆叶薄荷莫吉托、覆盆子莫吉托、百香果莫吉托……种类繁多。覆盆子和青柠不仅颜色很搭配，而且能够很好地平衡味道。

糖渍覆盆子	3大勺
糖渍青柠、柠檬汁	各1大勺
圆叶薄荷	1/2杯（5克）
气泡水	1杯（200毫升）
冰块	1杯
青柠切片	1小片

1. 将圆叶薄荷的叶子摘掉，洗净备用。将冰块敲碎。
2. 在成品杯中加入糖渍覆盆子、糖渍青柠、柠檬汁，搅拌均匀。
3. 将圆叶薄荷的叶子绕着杯壁贴一圈。
4. 加入碎冰、气泡水，搅拌。
5. 用青柠切片装饰即完成。

COOKING TIP 选择原味气泡水

气泡水作为饮品的基底，最好使用原味的。在以天然食材制作而成的糖渍中，添加有香味的气泡水，会压制住天然食材的香味。有柠檬香、西柚香的气泡水适合添加在用相同材料制作的味道较淡的糖渍之中。

23 覆盆子柠檬果昔

草莓果昔是将草莓和柠檬打成泥做成的果昔。今天我们换一种口味，
做覆盆子果昔吧。用柠檬片装饰，在品尝饮品的同时能够闻到柠檬的
清香，让人神清气爽！

糖渍覆盆子	4大勺
糖渍柠檬	2大勺
水	1杯（200毫升）
冰块	1.5杯
柠檬切片	2片

1. 在搅拌机中放入糖渍覆盆子、糖渍柠檬、水，柠檬切片放入1片。

2. 搅打均匀。

3. 加入冰块继续搅打至有果昔的质感。

4. 在准备好的成品杯中倒入步骤 **3** 的果昔，用1片柠檬切片装饰即完成。

COOKING TIP　果昔分为两步搅打

想打出柔顺细滑的口感，就要将除了冰块之外的食材先搅打一次，然后加入冰块继续搅打。这是让果昔更加美味的秘诀。

<u>24</u> 覆盆子果昔

用牛奶和酸奶制作的饮品更容易掩盖食材原本的味道和香气。此时需要增加糖渍的分量。如果不用原味酸奶作为基底，那么只需要将覆盆子的量减少到2大勺即可。

糖渍覆盆子	5大勺
原味酸奶	1杯
	（200毫升）
冰块	1.5杯
迷迭香	少许

1. 在搅拌机中加入糖渍覆盆子、原味酸奶、冰块。也可以用一般的固体酸奶。
2. 搅拌机用最快的速度搅打。
3. 冰块都搅碎后，再用最慢的速度搅打10秒。
4. 在准备好的成品杯中倒入步骤 **3**，用迷迭香装饰即完成。

🅒 饮品和香草的搭配

在选择与饮品搭配的装饰香草时，也要考虑饮品的甜度和香味。如果是甜度较高的饮品，可以选择香气强的迷迭香作为装饰，这样可以降低饮品的甜度。如果主食材的香气过于强烈，则建议选择圆叶薄荷等香气较为柔和的香草做装饰。

照片中为了展现是何种水果制作的，所以将浓
缩汁的主食材一同展示了出来。实际上浓缩汁
应该过滤掉固体杂质，只保留液体。

用浓缩汁调制的饮品

浓缩汁就是通常所说的浓缩液、萃取液。在制作过程中，虽然因为加热而导致水果香气流失，降低了新鲜度，但可以与各种饮品搭配，使用十分广泛。加热后经过12小时的冷却，过滤掉杂质，留下液体装瓶保存。

◎ 主食材　香草和水果

糖渍和浓缩汁最大的差别在于是否加热。浓缩汁通过加热萃取成分，不需要经过熟化这一阶段。而糖渍则需要等糖溶化和熟化这一阶段。如果想用香草作为饮品的基底，可以试着将香草制成浓缩汁。可以做成糖渍的大部分水果一般都可以做成浓缩汁。

◎ 注意事项　不要额外增加液体的量

在家中制作浓缩汁时，最容易犯的错误就是过分在意浓缩汁的量。如果为了增加液体的量而加入过多的水，或者在过滤的过程中从主食材压榨出果汁，都是不可取的行为。增加过多的水分，就会破坏水果和糖的比例，而且很容易坏掉。压榨水果会让水分渗入浓缩汁中，味道也会受到影响。

◎ 制作重点　水沸腾后，用中火继续煮5分钟

制作浓缩汁时，最重要的就是火的大小和时间的长短。如果用大火长时间烹煮，水果的香味很容易消失。可以煮沸后用中火煮5分钟，蒸发掉水分，之后和主食材一同静置12小时，再用滤网滤掉杂质，这是低温萃取主食材成分的过程。另外，香草不需要烹煮，浸泡一下即可。

◎ 保存方法　冷藏保存3~6个月

装瓶后可以在常温环境下短时间保存。如果想长期保存，就要在制作时多放一些糖，冷藏保存可以达到3~6个月。浓缩汁可以选用瓶身长的瓶子来盛装。使用时，直接倒出即可，不用其他工具接触汁液，也是一种延长保存时间的方法。

草莓浓缩汁

这是一款小朋友们喜爱的饮品。没有新鲜草莓的话，也可以使用冷冻草莓，味道没有什么大的差别。冷冻草莓拿出来后稍微放置再用。不用担心草莓的甜味不够。加工用的水果比起甜度，较高的酸度更重要，这也是要加一些柠檬汁的原因。再加一些气泡水，就有一种喝香槟的感觉。

草莓 500 克、白糖 2 杯（360 克）、水 2 杯（400 毫升）、柠檬汁 4 大勺

1. 草莓用水洗干净，去掉果蒂。
2. 在平底锅中加入白糖、柠檬汁、草莓，搅拌均匀，静置3小时。通过渗透压的过程，可以得到草莓的浓缩液，让草莓呈现出更好的颜色。
3. 3小时后，在草莓中加入2杯水，加热。
4. 沸腾之后，用中火继续加热5分钟后关火，静置12小时，待其冷却。
5. 过滤出液体装瓶，放入冰箱冷藏保存即可。

25 草莓牛奶

这是一款非常有人气的饮品。在杯中加入草莓浓缩汁、牛奶、碎草莓，摇晃一下味道更佳。

草莓浓缩汁	5 大勺
中型草莓	5~6 颗
草莓切片	2 个草莓的量
牛奶	1 杯（200 毫升）

1. 将草莓洗净，去掉果蒂。其中2颗草莓切片备用。
2. 在大碗中加入草莓浓缩汁和整个草莓，将草莓碾碎直至果汁流出。
3. 选择适合的成品杯，放入步骤 2 的成品。
4. 倒入1杯牛奶，加入草莓切片，盖上瓶盖。
5. 饮用前需要摇晃一下。

 草莓牛奶的饮用方法

将草莓牛奶装瓶后，草莓会立即沉淀，分出层次。饮用之前一定要摇晃一下，让其均匀分布。当日饮用，才能感受到草莓新鲜的味道。

26 草莓奶昔

我家冰箱从来都不缺草莓浓缩汁。因为其用途十分广泛。特别是用来制作草莓奶昔，这是孩子们最喜欢的饮品。少量浓缩汁和冰淇淋与牛奶相结合，会让整个饮品变得甜蜜无比。

草莓浓缩汁	4 大勺
草莓	1 杯
香草冰淇淋	2 勺
牛奶 1/2 杯（100 毫升）	

1. 将草莓洗净，去掉果蒂。其中1颗草莓切片作为装饰使用。

2. 在搅拌机中加入草莓浓缩汁、草莓、冰淇淋、牛奶。

3. 用最快的速度搅碎食材后，再用最慢的速度搅打10秒。

4. 倒入成品杯中，再用准备好的草莓切片装饰即完成。

 奶昔的搅打方式

在搅拌机中加入食材之后，需要先用最快的速度搅打，这样可以减少食材营养的流失。然后用低速搅打10秒，可以做出柔顺丝滑的口感。

27 草莓果汁

这是任何人都可以轻松调制的饮品。除了冬天和春天可以用新鲜草莓之外，其他的季节可以使用冷冻草莓，虽然冷冻草莓的味道稍逊，但加一些草莓浓缩汁，可以弥补香气的不足。

草莓浓缩汁	5 大勺
冷冻草莓	1 杯
水	1 杯（200 毫升）
冰块	3~4 块

1. 在搅拌机中加入草莓浓缩汁、冷冻草莓、水，以高速打碎。

2. 如果希望有柔顺丝滑的口感，就低速再搅打一次。

3. 在成品杯中放入冰块，倒入步骤 2 的果汁。

时令草莓的冷冻方法

去掉草莓的果蒂之后，将草莓平铺在托盘上冷冻一天，把草莓冻硬。为了让草莓的水分不流失，用拉链袋分装好冷冻。这样才能保持住草莓的形状和色泽。

28 草莓罗勒

罗勒香气宜人，经常用于烹饪和饮品中。在与水果搭配时，香气更加
浓郁。即使用普通的水代替气泡水，味道依然很好。

草莓浓缩汁	6 大勺
草莓切片	5~6 片
罗勒叶	5 片
气泡水	1 杯（200 毫升）
冰块	1 杯

1. 在成品杯中倒入草莓浓缩汁，加满冰块。

2. 加入半杯气泡水，与草莓浓缩汁搅拌均匀。

3. 用刀背将罗勒叶碾碎，再倒入剩下的气泡水。

4. 放上草莓切片即完成。

COOKING TIP 让罗勒叶散发香气的方法

将香草放到饮品中时，需要一定的技巧激发其香味。用刀背或搅拌棒将其碾碎，才可以让其散发香味。装饰用的香草可以放到手掌上，用手指揉捏一下放到饮品中，就会散发出淡淡的香味了。

生姜浓缩汁

若想品尝到美味的生姜茶，不妨试着做做生姜浓缩汁。生姜可以预防感冒。做浓缩汁的生姜需要选用水分含量高，味道不辣的嫩姜为宜。在秋天之后，生姜会自然生成淀粉，所以要在冬天之前制作。要想追求辛辣的药效，建议用不削皮的生姜，再加入一些非精制糖来呈现浓缩汁的颜色。如果加入一些蜂蜜，可以中和生姜的辣味，让味道变得更加柔和。

生姜 1.5 杯（200 克）、白糖 2 杯（360 克）、水 2 杯（400 毫升）、蜂蜜 1 大勺

1. 生姜用水洗净备用。
2. 将生姜切成0.5厘米厚的切片，用凉水浸泡3小时，去掉辣味和淀粉。
3. 在搅拌机中放入生姜，加入2杯水搅打。
4. 在平底锅中加入步骤 **3** 的生姜水和白糖。沸腾之后用中火继续加热10分钟。
5. 关火，加入1大勺蜂蜜搅拌后，静置12小时，使其冷却，萃取出生姜成分。
6. 用过滤网过滤杂质，将液体装瓶，冷藏保存即可。

29 生姜艾尔

这是孩子们非常喜欢的饮品。将柠檬放入生姜浓缩汁之中，就已经非常美味了。如果再加一些肉桂糖浆，味道就更加丰富了。孩子们品尝时，需要减少生姜浓缩汁的用量，增加一些糖渍柠檬，这样会让饮品更加清爽。

生姜浓缩汁	4 大勺
糖渍柠檬	1 大勺
肉桂糖浆	1 小勺
气泡水	1 杯（200 毫升）
冰块	1 杯
柠檬切片	1~2 片
肉桂片	少许

1. 在成品杯中加入生姜浓缩汁、糖渍柠檬、肉桂糖浆，搅拌均匀。
2. 在步骤 1 的杯身上贴上柠檬切片装饰，再加入冰块。
3. 倒入气泡水，搅拌均匀。
4. 放入肉桂片即完成。

COOKING TIP 添加少量肉桂片

生姜和肉桂是很好的组合。肉桂可以降低生姜的辣味。在添加冰块的饮品中加入肉桂，可以做出散发着特殊香气的美味饮品。1 杯饮品加入 7~8 厘米长的肉桂为宜。

30 生姜拿铁

对生姜和牛奶的组合感到很意外吗？其实这种组合可以搭配出新的美味。生姜可以降低牛奶的油腻感，制作成爽口的拿铁。即使是不喜欢牛奶的人，也会喜欢这款饮品。

生姜浓缩汁	4 大勺
肉桂糖浆	1 小勺
牛奶	1 杯（200 毫升）
肉桂片	少许
开水	适量

1. 将水煮沸，在成品杯中倒入半杯开水，把杯子烫30秒。
2. 在烫好的杯中加入生姜浓缩汁和肉桂糖浆，搅拌均匀。
3. 在平底锅中倒入牛奶，煮至四周出现1厘米直径的气泡，关火，倒入步骤 **2** 的杯中。
4. 放入肉桂片即完成。

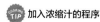 **加入浓缩汁的程序**

在制作用浓缩汁调制的热饮时，要让浓缩汁的凉气先消失，这时就需要烫杯子，然后再和热的液体融合。如果在最后才加入浓缩汁，不仅会让饮品的温度降低，味道也会变差。

<u>31</u> 生姜气泡饮

第一眼看上去像啤酒一样的生姜气泡饮，是用生姜浓缩汁加入糖浆调制的家庭饮品。生姜的辣味配上糖浆丰富的香味，好像在喝黑啤酒一样。孩子们也非常喜欢。

生姜浓缩汁	4 大勺
玉米糖浆	1 大勺
气泡水	1 杯（200 毫升）
冰块	1 杯
柠檬切片	1 片

1. 在碗中倒入生姜浓缩汁和玉米糖浆，搅拌均匀。

2. 在成品杯中倒入冰块以及步骤**1**的混合液。

3. 慢慢倒入气泡水，搅拌均匀。

4. 在杯子上方用柠檬切片装饰即完成。

用黑糖代替糖浆

糖浆是精制糖制作过程中的副产品，可以在超市或网络上买到。如果没有糖浆，可以用等量的黑糖来代替。黑糖有焦糖成分，可以品尝到与糖浆类似的味道。

<u>32</u> 生姜美式咖啡

生姜浓缩汁和美式咖啡非常搭配，可以调制出有益健康的生姜咖啡。

生姜浓缩汁　　　　2大勺

冰滴咖啡或冷萃咖啡

　　　　1/3杯（70毫升）

水　　1杯（200毫升）

冰块　　　　　　　1杯

1. 在成品杯中加满冰块。

2. 在杯底倒入生姜浓缩汁。

3. 慢慢倒入水，轻轻均匀搅拌。

4. 最后倒入咖啡即完成。

 用速溶咖啡代替
冰滴咖啡

如果没有冰滴咖啡或冷萃咖啡，速溶咖啡也可以代替。在1/3杯热水中加入1小勺速溶咖啡，使其冷却，即可做出像冰滴咖啡一样浓郁的味道。

玫瑰浓缩汁

干燥的玫瑰比价格高昂的新鲜玫瑰更适合做浓缩汁。一般会选用香气浓郁的玫瑰作为主食材。一般提起"玫瑰",就会想到红色、粉色,但实际上玫瑰在烹饪后更接近土黄色。所以在烹煮过程中要加入一些柠檬汁,才会保持原来的红色。比起与水的结合,玫瑰浓缩汁与其他饮品混合味道更好。另外,和其他香草类产品一样,不可长期服用。

干燥玫瑰花瓣 1 杯(10 克)、白糖 2 杯(360 克)、水 2 杯(400 毫升)、柠檬汁 4 大勺

1. 在平底锅中加入水和白糖烹煮。
2. 不用搅拌,等到白糖全部溶化后关火。
3. 加入玫瑰花瓣、柠檬汁,浸泡12小时。
4. 之后滤掉花瓣与杂质,留下液体。
5. 将液体装瓶,冷藏保存。

33 玫瑰锡兰红茶

与大吉岭红茶、祁门红茶并称为世界三大红茶的锡兰红茶，长在斯里
兰卡的高山地带，以卓越的香味闻名于世。与能够散发出淡淡玫瑰香
味的玫瑰浓缩汁非常搭配。

玫瑰浓缩汁	2大勺
锡兰红茶包	1包
热水	1杯（200毫升）
开水	适量

1. 在茶壶和成品杯中各倒入1/2的开水，烫30秒。

2. 在烫好的茶壶中倒入热水、锡兰红茶包，浸泡2分钟。

3. 在烫好的杯中加入玫瑰浓缩汁。

4. 2分钟后，倒入泡好的红茶，与玫瑰浓缩汁搅拌均匀即可饮用。

 短时间浸泡锡兰红茶

锡兰红茶比一般红茶浸泡的时间短1分钟。只要稍微浸泡，颜色和香味就会变浓。

34 玫瑰柠檬苏打

玫瑰浓缩汁如果只和水混合，味道就很一般。最简单的办法就是加入柠檬汁。玫瑰和柠檬的组合不仅让颜色更加漂亮，味道也会更加浓郁。维生素C的含量丰富，是适合女性的饮品。

玫瑰浓缩汁	4大勺
柠檬汁	1大勺
碳酸饮料	1杯
	（200毫升）
冰块	1杯
柠檬切片	2片

1. 准备好成品杯，倒入玫瑰浓缩汁和柠檬汁。
2. 在成品杯中加满冰块，在杯身贴上柠檬切片。
3. 倒入碳酸饮料，用搅拌棒上下搅拌即完成。

 挤柠檬汁的注意事项

用手直接挤柠檬的话，不容易把汁挤出来。可以将柠檬放在砧板上，用手掌将其压着转几圈后切半，再去挤压，这样可以挤出较多的柠檬汁。或者将柠檬切半后，用叉子均匀插入果肉，也可以挤出很多柠檬汁。

35 玫瑰草莓果昔

在我们经常喝的奶昔或果昔中添加一些带有淡淡花香味的玫瑰浓缩汁，可以增添不一样的口感，让单调的味道变得富有活力。草莓和玫瑰的味道十分搭配。

玫瑰浓缩汁	4 大勺
草莓	1.5 杯
牛奶	1/2 杯（100 毫升）
冰块	1 杯
打发奶油	适量

1. 将草莓洗净，去除果蒂。
2. 在搅拌机中加入草莓、牛奶、冰块，搅打。
3. 加入玫瑰浓缩汁再次搅打。
4. 在准备好的成品杯中倒入步骤 **3** 的果昔，再放上打发奶油装饰即完成。

COOKING TIP **不同草莓品种之间的味道差异**

红颜草莓个头大，甜度很高；奶油草莓（章姬草莓）水嫩多汁，有独特的奶香味；白草莓入口即化，略有桃味。

36 玫瑰拿铁

最近市面上出现了如水果拿铁、牛奶拿铁、坚果拿铁等个性十足的拿铁。带有淡淡花香的拿铁也十分有人气。

玫瑰浓缩汁	3 大勺
牛奶	2/3 杯（140 毫升）
冰滴咖啡或冷萃咖啡	1/3 杯（70 毫升）
开水	适量

1. 在成品杯中倒入半杯开水，烫30秒。
2. 在烫好的杯中加入玫瑰浓缩汁、咖啡，搅拌均匀。
3. 在平底锅中倒入牛奶，用中火煮至四周出现直径1厘米的气泡，关火。
4. 热牛奶倒入步骤 **2** 即完成。

将牛奶加热

制作以牛奶为基底的人气饮品时，一定要将牛奶加热到60~70℃再使用。牛奶煮出气泡后表面会生成油脂，散发出奶香味。

接骨木花浓缩汁

很多人都对接骨木花感到陌生，它是忍冬科植物接骨木的花，是一味中药。以接骨木花做成的浓缩汁香气很足。在制作接骨木花浓缩汁时，一定要用较密的滤网过滤，才能滤掉杂质，得到干净的浓缩液。接骨木花浓缩汁和橙子类、莓果类的水果都很搭，和苹果、肉桂也是不错的组合。

接骨木花1杯（10克）、中型柠檬1个（120克）、白糖2杯（360克）、水2杯（400毫升）

1. 将柠檬切半，用其中一半挤出柠檬汁。
2. 剩下的一半柠檬带皮再切成两半，然后切成薄片。
3. 在平底锅中加入白糖、水、柠檬汁、柠檬片，加热。
4. 沸腾后关火，加入接骨木花泡12小时。与水果不同，香草类食材不需要烹煮，只浸泡就可以萃取其成分。
5. 泡好后，用滤网滤出杂质，将液体装瓶。

37 接骨木花苹果汁

接骨木花的甜蜜香味和清新的苹果香味调和而成的果汁，味道浓淡相宜。糖度偏高的苹果汁与接骨木花浓缩汁的组合，让饮品的风味倍增。这是接骨木花浓缩汁最佳的使用方法之一。

接骨木花浓缩汁	2 大勺
苹果汁　1 杯（200 毫升）	
冰块	1 杯
苹果切片	1 片
圆叶薄荷	少许

1. 在杯口较宽的成品杯中加满冰块。
2. 在冰上倒入接骨木花浓缩汁，让浓缩汁降温。
3. 再倒入1杯苹果汁，搅拌均匀。
4. 在杯身贴上苹果切片，饮品上面摆上圆叶薄荷装饰即完成。

装饰用的水果大小

装饰用的食材最好选用主食材。一眼看上去就可以知道是什么样的食材制作的饮品，而且香气和味道与主食材一致，也会提升饮品的风味。装饰用的水果切片不能太厚，薄一些才美观。

38 接骨木花香草奶昔

有一次吃香草冰淇淋的时候，突然灵机一动，做一款接骨木花香草奶昔如何？在大家都熟悉的香草冰淇淋和牛奶中加入接骨木花浓缩汁，就成为一款香甜爽口的饮品。

接骨木花浓缩汁	4大勺
香草冰淇淋	2勺
牛奶	1/2杯（100毫升）
打发奶油	适量

1. 在搅拌机中加入接骨木花浓缩汁、冰淇淋、牛奶。
2. 先用最快的速度把食材打匀。
3. 再用最慢的速度搅打10秒。
4. 倒入准备好的成品杯中，加入打发奶油即完成。

 打发奶油

在家中打发奶油时，需要用打泡机将奶油打发至坚硬的固态。动物奶油很容易定型。也可以用手持搅拌器代替。需要搅拌至拎起搅拌头时奶油尖形状像鸟嘴的程度，且不会流动。

维生素香草浓缩汁

用木槿和玫瑰果两种香草制作的浓缩汁，适合补充体力。玫瑰果的维生素C含量是柠檬的30倍，维生素香草浓缩汁基本上没有什么香味，适合所有人饮用，但不可多饮，否则可能导致失眠。

木槿、玫瑰果各 1/2 杯（10 克）、中型柠檬 2/3 个（75 克）、白糖 2 杯（360 克）、水 2 杯（400 毫升）、柠檬汁 5 大勺

1. 将柠檬洗净，擦干水，带皮切成半月形。
2. 在平底锅中加入白糖和水，煮沸。
3. 煮沸后加入柠檬切片和柠檬汁，继续烹煮。
4. 再次沸腾后，关火，加入木槿和玫瑰果，浸泡12小时。
5. 12小时后，滤掉柠檬和木槿、玫瑰，将液体装瓶即完成。

<u>39</u> 维生素日出饮

这款饮品的颜色就像红色彩霞一样华丽，适合作为招待客人的饮品。
不需要复杂的工序，制作方法简单。先放浓缩汁，然后分次倒入橙汁
即可。

维生素香草浓缩汁	4 大勺
橙汁	1 杯（200 毫升）
冰块	1 杯

1. 在准备好的成品杯中倒入冰块。
2. 倒入维生素香草浓缩汁和1/3杯橙汁，搅拌均匀。
3. 慢慢倒入剩下的橙汁，营造出自然的颜色层次。
4. 饮用之前用搅拌棒搅拌均匀。

营造出饮品的层次

用饮品营造层次感的时候，需要先将较重或浓度较高的液体倒入杯底。相反，如果将较重的液体最后倒入，层次就会消失。层次分明的饮品需要搅拌均匀后才能品尝到完美的味道。

40 维生素果昔

这款饮品很适合运动者，可以补充体力。颜色漂亮，味道酸甜可口。

维生素香草浓缩汁	5大勺
糖渍柠檬	1大勺
水	1/2杯（100毫升）
冰块	1.5杯
柠檬切片	1片
圆叶薄荷	少许

1. 在搅拌机中加入维生素香草浓缩汁、糖渍柠檬、水、冰块。

2. 将食材搅打至有果昔的质感。

3. 倒入准备好的成品杯中，用柠檬切片和圆叶薄荷装饰即完成。

灵活使用糖渍水果中的果片

果昔、奶昔的制作需要将所有食材搅打均匀，在添加糖渍水果时，最好将果片一起加入。糖渍水果中带有果片，可以提升饮品的香味，也会让质感变得更好。

41 红色热带

将浓缩汁和糖渍混合制作饮品，也会形成不同的风格组合。维生素香草浓缩汁和糖渍百香果混合到一起，充满热带风情；如果和气泡水搭配，味道也不会太甜。

维生素香草浓缩汁	3大勺
糖渍百香果	2大勺
气泡水	1杯（200毫升）
冰块	1杯
食用花	少许

1. 在成品杯中倒入糖渍百香果和冰块。

2. 倒入1杯气泡水，和糖渍百香果搅拌均匀。

3. 倒入维生素香草浓缩汁，搅拌后用食用花装饰。

 食用花的保存方法

食用花不易保存。一定要保持住水分，冷藏保存。用厨房巾沾一点水，铺好，上面放上食用花，冷藏保存即可。大约可以保存一星期。

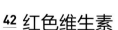

42 红色维生素

维生素香草浓缩汁是增加体力的饮品基底。维生素含量高，身体疲惫
的时候饮用可以恢复元气。热腾腾的饮品人体更易吸收，使人迅速恢
复体力。

维生素香草浓缩汁	3 大勺
玫瑰茶包	1 包
热水	1 杯（200 毫升）
开水	适量

1. 在茶壶和成品杯中各倒入1/2的开水，烫30秒。
2. 在烫好的茶壶中放入1包玫瑰茶包、1杯热水，泡3分钟。
3. 在烫好的成品杯中倒入维生素香草浓缩汁。
4. 在步骤 **3** 中倒入玫瑰花茶，搅拌均匀。

 给浓缩汁提香

维生素香草浓缩汁的香味较
淡，如果加入玫瑰茶包，能
够提香，味道更好。

薰衣草浓缩汁

薰衣草香气浓郁，只用一点点就可以做成浓缩汁。用薰衣草浓缩汁制作饮品，可以安定情绪。制作薰衣草浓缩汁时，如果想让其呈现紫色，可以加一些柠檬或柠檬酸。再加一些甘菊和薄荷，可以让薰衣草浓缩汁有不同的风味。薰衣草和其他香草的比例为9：1。

薰衣草1杯（10克）、白糖2杯（360克）、水2杯（400毫升）、柠檬汁2大勺

1. 在平底锅中加入白糖和水，煮沸。不用搅拌，使其自然溶化后冷藏保存才不会产生结晶。
2. 等到糖完全溶化后，关火。
3. 马上放入薰衣草和柠檬汁，浸泡12小时。
4. 滤掉杂质，将液体装瓶后冷藏保存。

烹煮糖水时不要搅拌

制作浓缩汁或糖浆时，要将糖和水煮沸。此时不要搅拌，慢慢烹煮让糖自然溶化。这样冷藏时不会产生结晶块。

43 薰衣草蓝莓奶昔

薰衣草和蓝莓混合调制，可制成颜色靓丽的紫色奶昔。两种味道格外搭配。用蓝莓制作奶昔时最好使用冷冻蓝莓。

薰衣草浓缩汁	3 大勺
蓝莓	1/2 杯（70 克）
香草冰淇淋	2 大勺
牛奶	1/2 杯（100 毫升）

1. 在搅拌机中加入薰衣草浓缩汁、蓝莓、冰淇淋、牛奶。

2. 将所有材料混合搅打，让食材呈现出紫色。

3. 倒入准备好的成品杯中。

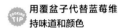 **用覆盆子代替蓝莓维持味道和颜色**

可以用等量的覆盆子代替蓝莓，颜色和味道相近。覆盆子本身就会有牛奶的香味，和奶昔很配。覆盆子也会有益于眼睛的健康。

44 薰衣草冰块苏打

将薰衣草浓缩汁冻成冰块制成的饮品。制作薰衣草冰时可以添加一些
花朵，会有很好的视觉效果。如果觉得味道和香气过重，可以用一半
薰衣草冰，再加一半普通冰块。

薰衣草浓缩汁冰　6~7 块	1. 在准备好的成品杯中加入薰衣草冰。
气泡水　1 杯（200 毫升）	2. 倒入气泡水。
食用花或迷迭香　　少许	3. 用食用花或迷迭香装饰即完成。

将浓缩汁冻成冰

用浓缩汁冻成冰块时间较
长，比用一般的水冻冰时间
更久，大概需要一天左右。
夏天在水中加入一块薰衣草
冰，就会让饮品充满薰衣草
的香味。

45 薰衣草柠檬茶

在压力大或心情不好的时候，不妨来一杯热茶。慢慢品尝的过程中，
会让你的心沉静下来。失眠的夜晚，也可以用一杯薰衣草柠檬茶来舒
缓情绪，帮助入眠。

薰衣草浓缩汁	2大勺
糖渍柠檬	2大勺
热水	1杯（200毫升）
开水	适量

1. 在成品杯中倒入半杯开水，烫30秒。

2. 在烫好的成品杯中倒入薰衣草浓缩汁和糖渍柠檬，搅拌均匀。

3. 倒入1杯热水，浸泡2分钟即完成。

 薰衣草柠檬汁的制作方法

如果喜欢薰衣草柠檬茶，可以在糖渍柠檬的制作过程中加入1包薰衣草茶包。用糖渍柠檬的汁液浸泡薰衣草，味道更好。

46 薰衣草柠檬醋

最近以醋为基底的饮品很流行。自然发酵的食醋和糖以适当的比例混合，发酵2星期，可以制作出美味的饮品。用浓缩汁来代替糖，更加有益健康。

薰衣草柠檬汁	2大勺
糖渍柠檬	1大勺
自然发酵食醋	3大勺
水	1杯（200毫升）
冰块	1杯
柠檬切片	3片

1. 在碗中倒入薰衣草柠檬汁、糖渍柠檬、自然发酵食醋，搅拌均匀。

2. 在成品杯中加满冰块，倒入步骤1的混合汁。

3. 倒入1杯水，搅拌均匀进行稀释。

4. 用柠檬切片装饰即完成。

COOKING TIP　每种醋的味道和香气各异

饮品中所使用的自然发酵食醋可以选用柿子醋或白葡萄醋。柿子醋含有单宁酸，会有涩涩的味道；而白葡萄醋中的醋香很浓。也可以放入用菠萝、白葡萄醋、糖制作而成的菠萝醋。

人参浓缩汁

人参能补气养血，增强免疫力，将人参制成用途广泛的浓缩汁使用更方便。可以在人参浓缩汁中加入牛奶、肉桂等调制成饮品，也可以用于制作参鸡汤等菜品。用浓缩汁制成的菜品散发着淡淡的人参香气，味道更加浓郁。在沙拉酱中添加少许人参浓缩汁，即可制成独特风味的沙拉酱。如果选用干人参来制作浓缩汁，应将用量减半，并延长加热时间。

中型鲜人参 2 棵（300 克）、白糖 2 杯（360 克）、水 2 杯（400 毫升）

1. 人参切成5毫米厚度薄片。
2. 锅中加入水、白糖烹煮。
3. 煮沸后，加入人参切片，中火熬制5分钟后熄火。
4. 冷却12小时，自然萃取出人参成分。
5. 使用滤网过滤后，将液体装瓶，盖好盖子后放入冰箱冷藏保存。

47 人参香蕉果汁

人参饮料因其有独特的苦味，让人不敢轻易尝试。而使用人参浓缩汁调制出的丰富多彩的饮品却十分美味。香蕉的甜味可以掩盖人参的苦味。人参香蕉果汁很适合作为早餐饮品。

人参浓缩汁	4 大勺
中型香蕉	1 个
牛奶	1 杯（200 毫升）
冰块	1 杯

1. 搅拌机中加入人参浓缩汁、香蕉、牛奶，待香蕉打碎后停止。

2. 成品杯中加入冰块，再倒入步骤 **1** 的液体即完成。

COOKING TIP **防止香蕉变色**

香蕉容易变色，不易保存。可以将香蕉去皮，涂上柠檬汁后冷冻起来。这样会延迟色变。

<u>48</u> 人参肉桂茶

将人参浓缩汁装瓶时，可以将人参一同放入，这样在制作热茶时，暗香四溢，十分可口。可放入风干人参，锁住浓缩汁中的水分。在浓缩汁制成的人参茶中添加肉桂糖浆，可以让味道更加丰富。

人参浓缩汁	4 大勺
肉桂糖浆	1 大勺
热水	**1 杯（200 毫升）**
开水	适量

1. 在成品杯中倒入半杯开水，烫30秒。
2. 在烫好的成品杯中加入人参浓缩汁和肉桂糖浆。
3. 倒入一杯热水，搅拌均匀即完成。

红参溶液使用方法

人参浓缩汁用完的时候，也可以用1小勺红参溶液来替代。如果觉得红参溶液的香味比人参浓缩汁更浓烈，可以尝试用牛奶来替代水。牛奶可以遮盖人参的强烈香气。

用糖浆调制的饮品

手工糖浆是一种用途非常广泛的调味品，由咖啡、茶、香草、巧克力浓缩后制成，香气浓郁、甜度极高，使用少许便能达到很好的效果。手工糖浆虽然无法成为饮品的主要食材，却能够打破饮品一成不变的味道，调制出的饮品个性十足，是一种非常重要的辅助材料。制作手工糖浆与糖渍水果、浓缩液相同，都需要一定的熟成时间来让味道变得醇厚。下面将介绍6种常用来调制饮品的糖浆。

◎ **主食材　茶叶、咖啡、巧克力等**

香草、肉桂、焦糖、巧克力、伯爵红茶、浓缩咖啡等制作甜品、面包时经常使用的香料，大部分都可以制成糖浆。在脱水的香料中倒入水和糖煮沸，让香味完全释放即成，用途非常广泛。

◎ **注意事项　需要三天熟成时间**

手工糖浆和浓缩汁一样，制作完成后需要3天熟成时间。熟成过程中，糖浆的浓度和风味都会得到升华。成品糖浆需冷却后装入瓶中，冷藏保存。

◎ **制作重点　控制火候，避免煮煳**

糖浆绝对不能烧焦。如果在成品糖浆中品尝出煳味，那么要弃之不用。制作糖浆时如果需要加入牛奶和奶油，火候的大小会直接决定糖浆的味道，所以一定要注意严格控制火候。同时也要避免过分加热导致香味流失。

◎ **保存方法　含牛奶成分的糖浆可冷藏保存 1 个月，其他糖浆可冷藏保存 3 个月**

糖浆一般应保存在杯口较小的长瓶中。瓶口如沾到水分，则会影响糖浆口味，另外一定要等到完全冷却后再装瓶。添加牛奶或奶油的糖浆保质期为1个月，伯爵红茶或香草等种类的糖浆保质期为3个月。

香草糖浆

香草糖浆是咖啡馆经常使用的一种食材。家中自制的手工香草糖浆与市售糖浆相比，香气没有那么浓郁。如果习惯了手工糖浆的香味，就会感觉市售糖浆的香味过于强烈。制作时，可以将香草荚、香草籽一起装入瓶中，香草荚中释放的成分会让味道更好。香草的主要产地为马达加斯加和大溪地，马达加斯加产的香草口感柔和，是最佳选择。

 ▶  ▶ 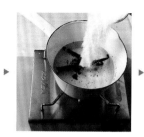 ▶

香草荚2株（5克）、白糖2杯（360克）、水3杯（600毫升）

1. 香草荚对半切开，取出香草籽，待用。
2. 锅中倒入3杯水，将香草荚、香草籽放入锅中，煮沸。
3. 沸腾时，放入白糖，将糖全部溶化，中火烹煮10分钟。
4. 搅拌均匀直至糖完全溶化。
5. 稍冷却后装瓶（不用过滤）。放入冰箱，熟成3天后即可使用。

制作糖浆时，选用单柄奶锅比双柄汤锅更加方便

为了避免煳底，制作糖浆时要不停搅拌转锅，因此选用单柄奶锅比双柄汤锅更加方便。如果是带尖嘴的奶锅就更好了，装瓶时会更加方便。

49 香草冰拿铁

香草冰拿铁是一款广受喜爱的饮品。使用成品糖浆调制的拿铁散发的香气
较为浓郁，而使用手工香草糖浆调制的拿铁，则充满了香草的天然香气，
尝试制作一下吧。牛奶与香草相互融合，进一步提升了拿铁的味道。

香草糖浆	3 大勺
冰滴咖啡或冷萃咖啡	
	1/3 杯（70 毫升）
牛奶 1 杯（200 毫升）	
冰块	1 杯

1. 香草糖浆倒入牛奶中，搅拌均匀。
2. 成品杯中装入冰块，将步骤 1 的液体倒入杯中。
3. 倒入咖啡。
4. 上下搅拌均匀即完成。

 放入咖啡和牛奶的顺序

制作热香草拿铁时，要调换加入牛奶和咖啡的顺序。在成品杯中先倒入咖啡，再倒入混合好香草糖浆的牛奶。这样在煮沸时，牛奶产生的丰富泡沫才会浮在饮品上方。

50 香草覆盆子苏打

在制作饮品时放入香草，会品尝出如牛奶般丝滑的香甜口感。如果再
加入糖渍覆盆子，更能增添清爽的味道。

香草糖浆	1 大勺
糖渍覆盆子	3 大勺
气泡水 1 杯（200 毫升）	
冰块	1 杯

1. 成品杯中放入香草糖浆和糖渍覆盆子。
2. 将糖浆、糖渍覆盆子轻轻搅拌后，倒入
   冰块。
3. 最后倒入气泡水，气泡水需饮用前倒入，
   这样才能保留气泡的口感。
4. 上下搅拌均匀即完成。

COOKING TIP 种类丰富的莓果饮品

用糖渍草莓或浓缩汁也可以
制作莓果气泡饮。莓类水果
有红色和深红色两种，红色
果实酸度高、味道香甜，而
深红色果实酸度低、甜度
较高。

51 香草肉桂奶茶

如果觉得普通红茶制作的奶茶口感平淡无奇，可以尝试使用香草糖浆、肉桂糖浆来制作，口感轻柔，风味独特，打破了普通奶茶一成不变的口感。

香草糖浆	2 大勺
肉桂糖浆	1 小勺
红茶	2 大勺
牛奶	1.5 杯（300 毫升）
开水	适量

1. 在平底锅中倒入牛奶，用中火煮，直至四周出现直径1厘米左右的气泡。
2. 在加热后的牛奶中加入红茶，浸泡3分钟后，使用过滤网过滤掉茶叶。
3. 在成品杯中倒入半杯开水，烫30秒。
4. 在烫好的杯子中倒入步骤 2 的红茶牛奶。
5. 再倒入香草糖浆、肉桂糖浆，搅拌均匀即完成。

 印度红茶

喜欢浓郁茶香的人也可以试试印度风味奶茶。印度风味奶茶使用肉桂、丁香、罗勒、茴香、孜然等多种香料调制而成，与香草搭配也十分契合。

52 香草香蕉饮

很多人喜欢早餐吃香蕉。使用2大勺香草糖浆即可制作风味独特的香蕉
饮品。也可以用水替代牛奶制作饮品，这时只需再多放1勺糖浆。

香草糖浆	1大勺
中型香蕉	1根
牛奶 1.5杯（300毫升）	
冰块	1杯

1. 准备一根熟透的香蕉。
2. 在搅拌机中加入香蕉、牛奶、冰块搅碎。
3. 加入香草糖浆，再次快速搅拌。
4. 步骤 **3** 的液体倒入大成品杯中即完成。

 香蕉＋草莓
香蕉＋芒果

香蕉是可以与各种水果搭配
的百搭水果。如果觉得香蕉
的味道太平淡，可以尝试加
入3~4颗中型草莓，即可制
成美味的草莓香蕉牛奶。也
可加入同等分量的芒果，同
样也是完美的搭配。

焦糖糖浆

糖浆无疑是童年时期最值得回味的味道。将糖加热使之焦糖化，散发出香气，再加入水或奶油制成。切记，奶油一定要加热后再放入。如果放入未加热的奶油，会与糖浆呈现分离的状态。加入奶油后，泡沫会迅速上浮，一定要选用比液体容积大五倍以上的容器。制作含有脂肪的糖浆时可以放入一些盐，味道会更加浓郁。

黄糖 1 杯（180 克）、奶油 1 杯（200 毫升）、盐 1/4 小勺、水 1/4 杯（50 毫升）

1. 锅中加入黄糖和盐。

2. 再加入水，大火煮沸。

3. 沸腾后，转中火继续烹煮至锅边出现焦糖色。

4. 奶油用蒸锅或电磁炉加热至温热。

5. 糖浆出现焦糖色后，将步骤 **4** 的奶油分两三次倒入并持续搅拌，小火加热3~5分钟。

6. 待糖浆和奶油沸腾后，会完全融合。冷却后，装入消毒后的容器里，放入冰箱冷藏保存。

53 焦糖玛奇朵

焦糖玛奇朵是喜爱甜咖啡的食客经常购买的饮品。在咖啡中添加焦糖
糖浆，可以让咖啡的味道提升一个档次。但这款咖啡热量极高，所以
一定要控制好糖浆的用量。

焦糖糖浆	3 大勺
冰滴咖啡或冷萃咖啡	
	1/3 杯（70 毫升）
牛奶	1 杯（200 毫升）
冰块	1 杯

1. 成品杯中倒入咖啡和焦糖糖浆，搅拌均匀。

2. 再倒入冰块。

3. 倒入牛奶即完成。倒入冷藏后的牛奶，会品
   尝到清凉爽口的玛奇朵咖啡。

 缓慢倒入牛奶

焦糖玛奇朵的特色是咖啡
与牛奶混合后的充满层次
感的光泽。调制关键在于
最后才倒入牛奶。牛奶浓度
高，极容易与糖浆融合，因
此一定要缓慢倒入才会产生
层次感。

54 焦糖曲奇奶昔

焦糖曲奇奶昔是一种使用全麦曲奇制成的奶昔，可以代餐。它口味独特，融合了冰淇淋、牛奶的柔滑以及曲奇的酥脆。制作过程为先搅拌糖浆、冰淇淋、牛奶，最后再放入曲奇搅拌。

焦糖糖浆	3 大勺
香草冰淇淋	2 球
全麦曲奇	2 块
牛奶	1/2 杯（100 毫升）

1. 全麦曲奇切成拇指大小，备用。
2. 在搅拌机中加入2勺焦糖糖浆、冰淇淋和牛奶搅拌均匀。
3. 加入步骤 **1** 切好的全麦曲奇，再次搅拌。
4. 成品杯中加入1大勺焦糖糖浆，再倒入步骤 **3** 的奶昔即完成。

 糖浆挂杯

用糖浆装饰杯子时，糖浆倒入杯底，左右转动手腕让糖浆挂到杯壁高度的1/3处，再倒入奶昔。此时，糖浆的香味与奶昔的香味相互融合，外观也非常漂亮。

炼乳糖浆

炼乳糖浆是夏季使用最广泛的糖浆。将其加入咖啡或者刨冰中，味道会变得截然不同。制作过程较为烦琐，需要将牛奶慢慢煮沸，浓缩至1/3的量。在牛奶煮沸的过程中，锅边会滋生出油脂，必须要除净才可以获得纯净的糖浆。如果使用塔格糖替代白糖完成制作，会制成浓度偏低的糖浆。炼乳糖浆与莓果类水果、谷物都很搭配。

牛奶 4 杯（800 毫升）、白糖 1 杯（180 克）

1. 准备一个容量至少2400毫升的锅。
2. 锅中倒入牛奶、白糖，开始加热。
3. 液体沸腾后，转小火，继续搅拌加热20分钟。
4. 关火，使用滤网过滤。
5. 将液体倒入消毒后的瓶子中，放入冰箱冷藏待用。

55 草莓炼乳星冰乐

尝试用酸甜爽口的草莓制成可爱的星乐冰吧。制作过程中，可以同时
加入草莓和草莓冰淇淋。如果喜欢更加浓郁的草莓香味，也可以再放
入2勺草莓浓缩汁。

炼乳糖浆	2大勺
草莓	1杯
香草冰淇淋	1球
牛奶	1杯（200毫升）
冰块	1/2杯

1. 草莓去蒂后，取2颗草莓切片备用。
2. 搅拌机中放入整颗草莓、冰淇淋、牛奶、冰块，开始搅拌。
3. 完全搅拌均匀后，放入炼乳糖浆轻轻搅拌一会儿。
4. 在杯壁上端放入步骤1准备好的草莓，尖端朝上，围成一圈即可。
5. 倒入步骤4的液体，完成星冰乐制作。

COOKING TIP 使用冷冻草莓制作时，应注意调整用量

在制作饮品时，如果使用冷冻草莓来替代新鲜草莓，可以不加冰块，但是要添加同等分量的草莓。即在原有基础上多放入1/2杯草莓，才能保证饮品的味道不变。

56 香甜热牛奶

凄冷的夜晚，可以品尝一杯炼乳和香草糖浆调制的香甜热牛奶。由两种糖浆调制而成的热牛奶和普通热牛奶的味道截然不同，完全可以成为结束一天辛劳工作之后的慰藉。

炼乳糖浆	2 大勺
香草糖浆	1 小勺
牛奶	1 杯（200 毫升）
开水	适量

1. 在成品杯中倒入半杯开水，烫30秒。
2. 锅中倒入牛奶和炼乳糖浆，加热。若使用电磁炉，加热2分钟即可。
3. 在烫好的成品杯中，放入香草糖浆。
4. 倒入热好的牛奶即完成。

 去除牛奶的腥味

牛奶沸腾后，随着新鲜奶香味的消失，会散发出腥味。这时放入香草糖浆就可以遮盖奶腥味。肉桂糖浆与香甜热牛奶的搭配也十分完美。

57 泰式拿铁

泰式拿铁是添加炼乳制成的风味冰咖啡，在热带国家十分受欢迎。味
道浓厚、香甜，倍受喜爱，又叫越南拿铁。

炼乳糖浆	3 大勺
冰滴咖啡或冷萃咖啡	
	1/3 杯（70 毫升）
牛奶	1 杯（200 毫升）
冰块	1 杯

1. 在牛奶中加入炼乳糖浆，搅拌均匀。
2. 在成品杯中加入冰块。
3. 从冰块上方倒入步骤 1 的液体，直至到杯子 1/2 处，随后再倒入咖啡。
4. 杯子倒满，牛奶和咖啡之间会呈现出鲜明的分界线。

拿铁的层次感

制作泰式拿铁的关键在于混合牛奶和炼乳。两种食材混合后，重量下沉，自然沉淀到杯底。再倒入咖啡，牛奶和咖啡之间会形成鲜明的层次感。

<u>58</u> 猕猴桃牛奶星冰乐

如果想品尝清爽口感的星乐冰，可以尝试水果和冰淇淋的组合。猕猴桃的清爽口感会消除冰淇淋的甜腻感，而炼乳糖浆又可以将猕猴桃和冰淇淋融合到一起。

炼乳糖浆	1 大勺
中型绿芯猕猴桃	1 个
香草冰淇淋	1 球
牛奶	1 杯（200 毫升）
冰块	1/2 杯

1. 猕猴桃去皮，切下一片薄片留作装饰，其余改刀切成块状。
2. 搅拌机中加入冰淇淋、牛奶、冰块搅拌。
3. 再加入炼乳糖浆和块状猕猴桃搅拌。
4. 杯中倒入步骤 **3** 的星冰乐，用猕猴桃切片装饰即完成。

 最后阶段加入猕猴桃

用猕猴桃制作星冰乐时，最后才加入猕猴桃搅拌。这样才能品尝到猕猴桃果实的咀嚼感。如果猕猴桃搅拌时间过长，会出现一种吃芝麻的口感，影响整体饮品效果。

肉桂糖浆

肉桂糖浆是秋冬时节广泛使用的糖浆。可选用桂皮、肉桂制成，桂皮外皮厚重，辛味较重。而肉桂外皮轻薄，口感较甜。肉桂外皮有很多肉眼看不到的灰尘，一定要清洗干净。切碎后使用比整体使用更能提味、提香。肉桂跟苹果、柑橘类饮料十分适配。桂皮质地较硬，一定要留出足够的熟成时间。

桂皮 50 克、肉桂粉 1/2 大勺（5 克）、白糖 2 杯（360 克）、水 3 杯（600 毫升）

1. 白糖与肉桂粉搅拌均匀。
2. 锅中倒入桂皮、水，开始煮。
3. 沸腾后转中火，继续煮10分钟。
4. 10分钟后，将步骤1加入锅中，继续煮，直至糖溶化。
5. 关火，冷却后装入瓶中。这时需要将桂皮也一同装入。
6. 放入冰箱冷藏发酵3天即完成。

59 苹果肉桂茶

欧洲人习惯在冬季将苹果和肉桂煮成养生茶饮，而用苹果汁可以非常简便地调制出苹果肉桂茶。如果只放入苹果汁煮，水分很容易蒸发掉，只留下糖分，所以需另外准备相当于苹果汁1/2分量的水。

肉桂糖浆	2 大勺
苹果汁	1 杯（200 毫升）
水	1/2 杯（100 毫升）
苹果切片	1 片
肉桂片	少许

1. 锅中加入苹果汁和水，开始煮。加水煮，甜度才会适中。
2. 沸腾后，加入苹果切片和肉桂片，继续煮。
3. 再次沸腾后，关火，放入肉桂糖浆。
4. 倒入成品杯中（保留苹果片、肉桂皮）即完成。

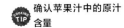 **确认苹果汁中的原汁含量**

制作苹果肉桂茶时，应选用原汁含量在50%以下的基底果汁。如选用原汁含量过高的果汁，加热后极易出现苦涩的口感。

60 风味冰橙汁

很多人喜欢把风味橙汁制成热饮来品尝。如果在热饮中加入百香果浓缩汁和冰块就能制作出风味冰橙汁了。用1大勺百香果浓缩汁与肉桂糖浆相结合，便能创造出独特风味的橙汁。

肉桂糖浆	1大勺
百香果浓缩汁	1大勺
橙汁	1杯（200毫升）
冰块	1杯
肉桂片	少许

1. 成品杯中放入肉桂糖浆、百香果浓缩汁，轻微搅拌。
2. 加入冰块至满，降低液体温度。
3. 倒入橙汁。
4. 杯中放入肉桂片装饰即完成。

COOKING TIP 百香果饮品的搭配

如果想要品尝热饮橙汁，就不要放入百香果。百香果遇热后，香气会消散，失去它本身的魅力。百香果的味道，如同其名，包含了百种水果的香气，从另一个角度来看，就是它的香味其实没有那么强烈。

伯爵红茶糖浆

最近，红茶越来越受欢迎，于是我们就用名气最大的伯爵红茶来制作糖浆。虽然红茶茶包也能制作出香气浓郁的糖浆，但是仍然不及茶叶制作的糖浆茶香悠远。用茶叶制作糖浆，采用浸泡方式替代持续的烹煮，让茶香自然而然浸入糖浆。茶叶如果烹煮，香味会散发在空气中，而苦味流出到水中，非常影响口感。放入等量的白糖、黑糖，糖浆颜色变深，味道也会更加香醇。

伯爵红茶 3 大勺（15 克）、白糖和黑糖各 1 杯（180 克）、水 3 杯（600 毫升）

1. 锅中倒入水煮沸。
2. 沸腾后，加入 1 大勺伯爵红茶，中火续煮 5 分钟。
3. 将步骤 **2** 的液体过筛掉茶叶后，再次倒回锅中。
4. 加入白糖、黑糖，中火煮至糖全部溶化。
5. 关火，加入余下的 **2** 大勺伯爵红茶，浸泡 2 小时。
6. 过筛，液体装入消毒后的瓶子中，放入冰箱冷藏。熟成一天后即完成。

61 伯爵红茶拿铁

咖啡与红茶之间的关系非常微妙，看似差别很大，但十分搭配。如果你
喜欢在咖啡中添加糖浆饮用，那么强烈建议尝试一下香气浓郁的伯爵红
茶糖浆。若咖啡是酸味较强的原豆磨制，可以适度增加糖浆的用量。

伯爵红茶糖浆	3 大勺
冰滴咖啡或冷萃咖啡	
	1/3 杯（70 毫升）
牛奶	1 杯（200 毫升）
开水	适量

1. 在成品杯中倒入半杯开水，烫30秒。

2. 烫好的杯子中倒入伯爵红茶糖浆和咖啡。

3. 在平底锅中倒入牛奶，中火煮至四周出现直径1厘米左右的气泡，关火。

4. 加热后的牛奶加入步骤 2 中即完成。如果想要品尝到更温热的饮品，可以在加热牛奶时倒入咖啡一同烹煮。

制作奶泡的关键

如果想在拿铁上面装饰一层丰富的奶泡，需在加热牛奶时使用奶泡机快速打发。待锅边产生奶泡时，立即关火。如果等到牛奶完全沸腾，牛奶的微小泡沫会消失殆尽。

62 伯爵冰红茶

闷热的夏日，试着用浓缩的伯爵红茶糖浆制作一杯柠檬冰红茶吧。口感酸中带甜，散发出淡淡的香气，老少皆宜。如果喜好酸味较重的冰红茶，可以放入新鲜柠檬汁来替代糖渍柠檬。

伯爵红茶糖浆	4 大勺
糖渍柠檬	2 大勺
水	1 杯（200 毫升）
冰块	1 杯

1. 准备长筒成品杯。
2. 成品杯中放入2大勺糖渍柠檬，再填满冰块。
3. 倒入水，上下搅拌均匀，使糖渍柠檬和水充分融合。
4. 最后放入伯爵红茶糖浆，搅拌均匀即完成。

 红茶变混浊的原因

制作冰红茶的时候，红茶总是会变得混浊，这种现象俗称"冷后浑"现象，产生的沉淀名为"茶乳酪"。这是由于热茶中的咖啡因和儿茶素成分结合后，遇冷部分凝结所产生的现象。不但不会对味道产生影响，反而是高品质红茶的特征。

63 薰衣草红茶苏打

薰衣草红茶苏打是使用手工糖浆和浓缩汁调制的一种特殊饮品。因饮品中添加了薰衣草浓缩汁，有舒缓情绪和助眠之效。

伯爵红茶糖浆	3大勺
薰衣草浓缩汁	1大勺
柠檬味气泡水	1杯（200毫升）
冰块	1杯
迷迭香	少许

1. 成品杯中加入伯爵红茶糖浆、薰衣草浓缩汁，搅拌均匀。薰衣草香味浓烈，浓缩汁用量不宜超过伯爵红茶糖浆用量的1/3。

2. 加满冰块。

3. 分两次加入柠檬味气泡水。

4. 用迷迭香装饰即完成。如果没有迷迭香，也可以用百里香替代。

 挑选气泡水

用于调制一般饮品的气泡水，建议选用无色无味的基本款。但是调制如薰衣草红茶苏打这种香味浓烈的饮品时，选择柠檬味的气泡水更加适合。柠檬的酸度可以突显气泡水的特殊风味。

64 伯爵奶茶

伯爵红茶是格雷伯爵的专属红茶。这款红茶茶香中散发着阵阵香柠檬
的气味，深受大众喜爱。用伯爵红茶糖浆来调制饮品，味道更加醇
厚，而且可以非常简便地调制出最近广为流行的瓶装伯爵红茶。

伯爵红茶糖浆	4 大勺
红茶茶包	2 个
牛奶	1 杯（200 毫升）
冰块	1 杯

1. 牛奶倒入杯中，再放入红茶茶包，用保鲜膜覆盖后，放入冰箱冷泡12小时。
2. 成品杯中装满冰块。
3. 将步骤 1 冷浸好的奶茶和茶包一起倒入成品杯中，茶香会持续至饮品被喝光。
4. 放入伯爵红茶糖浆，搅拌均匀即完成。

 奶茶的保存期限为冷藏三天

冷泡奶茶的保质期和牛奶相同，建议放入糖浆调制的奶茶在制成后三日内饮用完毕，注意一定要冷藏保存。如果喜好茶香更加浓重的奶茶，可以在冷泡时多加入一个茶包。

巧克力糖浆

巧克力糖浆深受孩子们的喜爱。巧克力糖浆搭配冰淇淋、牛奶饮用比用白水冲饮更加美味。巧克力糖浆根据制作糖浆的巧克力等级不同味道也不尽相同。使用浓度为70%以上的黑巧克力来制作，成品糖浆甜味很淡、微苦。如使用牛奶巧克力来制作，成品糖浆香甜丝滑。如觉得糖浆甜味不够，可再添加和牛奶等量的奶油。可可粉要过筛后使用才能避免结块。

黑巧克力 1/2 杯（100 克）、无糖可可粉 1/2 杯（80 克）、白糖 1 杯（180 克）、牛奶 1.5 杯（300 毫升）

1. 锅中倒入牛奶，加热至即将沸腾。
2. 转小火，加入黑巧克力，同一方向搅拌至黑巧克力溶化。
3. 关火，放入可可粉，搅拌均匀，注意要避免可可粉结块。
4. 再倒入白糖，待所有食材全部溶化后，再次加热至沸腾。
5. 关火，半开锅盖冷却。待完全冷却后，用手动搅拌机持续快速搅拌，避免可可析出油脂层。
6. 装入消毒后的瓶子中，放入冰箱冷藏保存。

65 肉桂热巧克力

热巧克力是将巧克力煮沸调制的饮品。制作过程中，巧克力香气四溢，是一款让人身心愉悦的饮品。每当天气变冷时，更是令人向往，可随意添加肉桂等个人喜好的香料。

巧克力糖浆	3大勺
肉桂糖浆	1小勺
牛奶	1杯（200毫升）
肉桂片	少许
开水	适量

1. 锅中加入巧克力糖浆、肉桂糖浆、牛奶、肉桂片，用中火加热。

2. 在成品杯中倒入半杯开水，烫30秒。

3. 待步骤 1 的液体沸腾后，关火。注意看好火候，以免牛奶外溢。

4. 倒入烫好的成品杯中即完成，注意肉桂片也一起倒入。

 与肉桂搭配的香料

如果想品尝到香气更加浓烈的肉桂热巧，可以放入丁香或白豆蔻等香料。尤其是白豆蔻带有酸甜的柑橘味，令人心情愉悦。

66 伯爵冰巧克力

伯爵冰巧克力是成年人饮品。传统的巧克力饮品深受孩子的喜爱，而

伯爵冰巧更受成年人的青睐。最近，红茶和巧克力搭配的饮品非常流

行，其中伯爵红茶与巧克力的搭配最为绝妙。

巧克力糖浆	4 大勺
伯爵红茶茶包	1 包
热水	1/4 杯（50 毫升）
牛奶	1 杯（200 毫升）
冰块	1 杯

1. 成品杯中倒入热水，放入伯爵红茶茶包浸泡3分钟。

2. 取出茶包，倒入巧克力糖浆，制成伯爵红茶巧克力糖浆备用。

3. 再放入冰块，倒入牛奶即完成。

 茶包的种类

选用茶包时，需留意茶包的外形。跟三角形茶包相比更推荐选用方形茶包。另外，碎片红茶茶包浸泡后的茶汤更加浓郁。

<u>67</u> 巧克力奶昔

巧克力奶昔是最受儿童喜爱的夏季饮品。通常是用香草冰淇淋来制作，但是也可以用巧克力冰淇淋来替代。

巧克力糖浆	4 大勺
可可粉	1/2 大勺
香草冰淇淋	2 球
低脂牛奶	1/2 杯（100 毫升）

1. 准备一个带把手的成品杯。

2. 搅拌机中放入巧克力糖浆、可可粉、冰淇淋、牛奶。

3. 以最快的速度搅打，将所有食材混合均匀。

4. 再以最慢的速度搅打10秒即完成。

🅒 牛奶中的脂肪含量

牛奶按照脂肪含量分为全脂牛奶、低脂牛奶、脱脂牛奶、无脂牛奶。普通牛奶脂肪含量为3.25%，低脂牛奶脂肪含量为1%，无脂牛奶脂肪含量为0，脱脂牛奶脂肪含量为0.1%~3%。根据饮品热量进行选择即可。

68 冰摩卡

摩卡是用巧克力糖浆制成的极具代表性的咖啡饮品。饮品上方飘浮着
打发的丰富奶油奶泡，口感香甜。奶泡呈圆弧形放入，味道会更好。
使用市售的奶油制作即可。

巧克力糖浆	3 大勺
冰滴咖啡或冷萃咖啡	
	1/3 杯（70 毫升）
牛奶	1 杯（200 毫升）
奶油	适量
冰块	1 杯

1. 将咖啡和巧克力糖浆搅拌均匀。

2. 成品杯中装满冰块。

3. 在步骤 2 的成品杯中倒入步骤 1 的液体和
   牛奶。

4. 按照个人喜好，在饮品上方加入打发奶油。

 **咖啡和巧克力的组合**

和巧克力糖浆搭配的咖啡建
议选用酸度高的原豆来冲
泡，这样才会与巧克力组成
完美搭配，兼具甜味、酸
味。选购原豆时，建议采买
浅焙咖啡豆。

意式咖啡糖浆

意式咖啡糖浆是制作饮品的一种基础食材。制作冰淇淋或奶昔时，加入意式咖啡糖浆，咖啡的风味很明显。也可以在家中手工制作意式咖啡糖浆，将原豆细细磨碎后，才能充分体现意大利浓缩咖啡的味道。制作好的意式咖啡糖浆需要经过一天时间熟成，浓度和风味都会得到提升。夏季需要放入冰箱冷藏熟成，而冬季放到阳台熟成即可。

咖啡原豆 8 大勺（80 克）、白糖 2 杯（360 克）、水 2 杯（400 毫升）

1. 用手持磨豆机将咖啡原豆磨成细粉。
2. 锅中倒入水煮沸。
3. 关火，放入咖啡粉，浸泡3分钟。
4. 使用家用咖啡过滤网过滤掉咖啡粉，备用。
5. 锅中倒入步骤 **4** 的液体，加热。加入白糖，待溶化后关火。
6. 冷却后，装入消毒后的瓶中，放入冰箱冷藏，经过一天时间熟成即完成。

69 雪棉意式咖啡

雪棉意式咖啡是使用不添加牛奶和奶油的意式咖啡调制成的与星冰乐类似的饮品。放入冰沙，就成为凉爽的饮品。这款饮品极力推荐给喜好清淡口味咖啡的人。

意式咖啡糖浆	6 大勺
水	2/3 杯（140 毫升）
冰块	1.5 杯

1. 搅拌机中倒入意式咖啡糖浆、水。
2. 加入冰块，一起搅打。
3. 当液体变得松软时，装入杯中即完成。

 家用搅拌机的使用方法

在家中制作冰沙可不是一件容易的事情。将冰块在室温下放置到稍许融化、不太坚硬的状态，或者用锤子敲打后再放入搅拌机。

70 爱尔兰咖啡

将威士忌添加到咖啡中，再加入丝滑的奶油，最后再撒上甜蜜的黑糖，口感十分独特。不妨品味一下黑糖溶化在奶油中的口感吧。

意式咖啡糖浆	4 大勺
威士忌	1 小勺
奶油	2 大勺
水	1/2 杯（100 毫升）
冰块	1/2 杯
黑糖	适量

1. 将意式咖啡糖浆和威士忌混合均匀。
2. 成品杯中装入冰块，将步骤 1 的液体倒入杯中。
3. 加入半杯水，再加入打发奶油。
4. 最后在饮品上方撒入黑糖即完成。

 奶油中添加一滴威士忌

另一种做法是将原本放入意大利咖啡糖浆中混合的威士忌，改为在奶油中添加一滴威士忌，这样在奶油打发过程中就会散发出威士忌的香味，味道也十分独特。

71 冰豆奶拿铁

冰豆奶咖啡是加入豆奶制成的拿铁咖啡。在咖啡中添加豆奶，饮品豆
香四溢，味道可口。制作饮品时，一定记得选用无糖豆奶。

意式咖啡糖浆	5 大勺
无糖豆奶 1 杯（200 毫升）	
冰块	1 杯

1. 在成品杯中装满冰块和豆奶。

2. 倒入意式咖啡糖浆。

3. 搅拌均匀后即完成。从下至上搅拌，饮品
   才会形成空气层，味道更加美味可口。

使用豆粉替代豆奶

如果使用杏仁牛奶来调制这
款饮品，味道也非常不错。
记得要使用无糖杏仁牛奶。
如果用粉末状的豆粉来替代
豆奶，每一杯饮品中需要添
加30克豆粉，才可以调制出
相同口感的冰豆奶拿铁。

72 甜蜜阿芙佳朵

意大利语中的"阿芙佳朵"意为"淹没",顾名思义这是一款将冰淇淋沉在意式咖啡中的饮品。如选用香草口味的冰淇淋来制作,口感会美好。

意式咖啡糖浆	5大勺
香草冰淇淋	1球
巧克力糖浆	1大勺
巧克力碎	少许

1. 备好冰淇淋高脚杯。
2. 高脚杯中加入一球香草冰淇淋。
3. 将巧克力糖浆淋在冰淇淋上,如果巧克力糖浆过甜,可再撒上一些可可粉(另备)。
4. 再倒入意式咖啡糖浆,用巧克力碎装饰后即完成。

 选好盛放阿芙佳朵的成品杯

如果手部触碰到杯身,冰淇淋很容易融化。因此选用高脚杯盛放才能保留制作后的造型。

用饮品粉调制的饮品

如今，走进超市便能看见各种各样的饮品粉。若想要不含添加剂的饮品粉，也可自己做。接下来将介绍4种简单的手工饮品粉制作方法，包括绿茶饮品粉、香草粉、巧克力粉、奶粉。制作方法与糖浆不同，制作过程中不必添加水，手工饮品粉的特征是具有浓郁的香气和醇厚的味道。如果想延长饮品粉的保质期，可以在存放时放入食品级硅胶干燥剂。

◎ 主食材　各种粉末状的食材

茶叶、巧克力、香料等可以打磨成粉末状的食材都可以成为主食材。茶叶的用量比其他食材少，只需放其他食材的20%~30%，就可以保留茶香。

◎ 注意事项　一定要使用新的硅胶干燥剂

饮品粉中含有糖，一旦沾染湿气便会凝结成块状。为避免这种情况发生，在饮品粉装瓶时要同时放入食品级硅胶干燥剂。有些人会重复使用旧的干燥剂，但是旧的干燥剂很可能染上其他气味影响饮品粉的味道，所以一定要用新的干燥剂。

◎ 制作重点　过筛后，保留精细粉末

饮品粉由主食材和糖一起研磨后制成。如果研磨得不细致，留下块状物，会让人难以下咽。如果发现粉末中有块状物，一定要再次过筛，仅留下精细粉末。

◎ 保存方法　需放置在避免阳光直射的阴暗地方

饮品粉应保存在避免阳光直射的室温环境下。如果放入冰箱，取出后在室温下短时间便会接触湿气，凝结成块。一定要避免粉末沾染湿气，凝结成块。

绿茶饮品粉

最好使用甜度较低的阿洛酮糖来制作绿茶饮品粉，非常适合与各种饮品搭配，口感好、热量低。论茶香，还要数明前茶最好，但如选用制成茶粉的茶叶，则六月的绿茶最佳，而泛着深绿色光泽的抹茶更佳。市面卖的绿茶粉大多按绿茶含量70%、绿藻或菠菜含量30%的比例调和而成，而制作饮品粉一定要选用100%的绿茶粉。

绿茶粉 1/4 杯（50 克）、白糖 1 杯（180 克）

1. 备好深绿色绿茶粉待用。需选购没有黄色光泽、色彩鲜明的绿茶粉。
2. 搅拌机中放入绿茶粉、白糖搅打。
3. 搅打至绿茶、糖完全混合成同一颜色。
4. 将绿茶粉和食品级硅胶干燥剂一起放入密闭容器中保存。

COOKING TIP 绿茶饮品粉放入冰箱保存

制成的绿茶饮品粉不可常温保存。因为常温下，绿茶饮品粉很容易变色。应将其放入厚锡箔纸中密封，排净空气，放入冰箱冷藏保存。

73 绿茶意式咖啡

绿茶意式咖啡是一款可以同时品尝到茶和咖啡的饮品。用饮品粉搭配
咖啡是十分常见的组合方式。手工饮品粉和意式咖啡的混搭，口味清
新独特。绿茶饮品粉推荐使用有机抹茶。

绿茶饮品粉	1 大勺
意式咖啡或冷萃咖啡	
	1/4 杯（50 毫升）
牛奶	1 杯（200 毫升）
冰块	1 杯

1. 成品杯中加入绿茶饮品粉。
2. 倒入1/2杯牛奶搅拌均匀。
3. 再加满冰块。
4. 倒入剩下的牛奶和咖啡即完成。

 制作透明冰块

家中自制的冰块总是不如
咖啡馆的冰块清透明亮，
原因在于冰块里面有气泡。
制作冰块时，可将水煮沸后
再制成冰块。这样即可以避
免形成气泡，制作出透明的
冰块。

74 绿茶冰拿铁

绿茶冰拿铁是一款使用浓郁的、稍显苦涩的抹茶粉调制而成的咖啡。
这款咖啡是我边回忆着某次东京旅行时偶然品尝到的味道，边尝试调
制出的饮品。也可以说是充满回忆的一款饮品。

绿茶饮品粉	2 大勺
牛奶	1 杯（200 毫升）
冰块	1 杯

1. 杯中倒入1/3杯牛奶，加入绿茶饮品粉，搅拌均匀。
2. 选用高筒杯，装满冰块后倒入2/3杯牛奶。
3. 再将步骤 1 的液体倒入高筒杯中即完成。

COOKING TIP **均匀搅拌粉末的方法**

用粉末调制饮品时，最重要的一个环节就是将粉末搅拌均匀。这样才会品味出丝滑的口感。调制饮品时，先在杯中倒入饮料至五分满，倒入粉末搅拌均匀后，再倒入剩余的饮料，这样制成的饮品才不会有粉末残留，影响口感。

香草粉

香草粉的制作方法比香草糖浆简单，但是味道却更加浓郁。这是因为制作时放入了整个香草荚。香草荚一定要干透，才能制成精细的香草粉。可以将香草荚切成1厘米长的小段，在阴凉处阴干2~3天。香草粉不仅可以调制饮品，也可以替代糖粉成为一种烘焙食材。

阴干的香草荚1棵（2克）、塔塔糖1杯（180克）

1. 糖需选用精细的塔格糖最为合适。
2. 香草荚剪成小段，与塔塔糖混合在一起。
3. 放入搅拌机中，搅打至粉末状。
4. 过筛后，将粉末与食品级硅胶干燥剂一起放入密封容器中保存。

🔖 **除去香草荚中的纤维**

使用整个香草荚制作香草粉时，一定要过筛，除掉香草荚的杂质。要除去香草荚中的纤维，建议选用细网筛。

75 Double 香草奶昔

蕴含浓郁牛奶香味的冰淇淋，无论何时都深受喜爱。香草奶昔是一款
使用香草冰淇淋和手工香草粉调制的充满独特风味的奶昔。这是一款
会让人联想起冬季皑皑白雪的冰爽夏季饮品。

香草粉	2 大勺
香草冰淇淋	2 球
牛奶	1/2 杯（100 毫升）

1. 在搅拌机中加入香草粉和香草冰淇淋。
2. 高速搅打均匀。
3. 倒入牛奶，再次搅打。
4. 成品杯中倒入步骤 3 的液体即完成。

冰淇淋的挑选方法

冰淇淋的种类不同，调制出的奶昔口味和质感也会有所不同。使用脂肪含量高的冰淇淋可以调制出口味浓郁的奶昔，而使用充满咀嚼口感的意大利冰淇淋则可以调制出极具清凉感的奶昔。意大利冰淇淋的保存温度较低，需在－24～－20℃的温度下存放。

<u>76</u> 菠萝橙汁

菠萝橙汁是使用菠萝、橙子调制的饮品，再放入香草粉调节酸度，口感非常好。香草粉可以添加在柠檬、青柠等酸度高的水果饮品中，以达到中和酸味的效果。

香草粉	1/2 大勺
圆形菠萝切片	2 片
中型橙子	1/2 个
水	1 杯（200 毫升）
冰块	1/2 杯
迷迭香	少许

1. 将1片菠萝切成小块。
2. 橙子去皮，切成小块。
3. 菠萝、橙子放入搅拌机，同时加入水、冰块、香草粉一起搅打均匀。
4. 将步骤 **3** 的液体倒入杯中，使用1片菠萝切片和迷迭香装饰即完成。

 处理菠萝的注意事项

菠萝富含纤维，需切成适当大小后放入搅拌机中搅打。需去除菠萝中间的硬心，这样饮品的口感才会柔滑美味。

巧克力粉

将可可粉和巧克力一起搅打后制成的巧克力粉非常美味。普通巧克力与常温下的牛奶不易混合，建议将巧克力制成热饮品尝更佳。巧克力粉务必选用黑巧克力来制作，如果选用牛奶巧克力，只会让饮品的甜度增高而已，且无法避免巧克力凝结成块。制好的巧克力粉要放入冰箱冷藏保存。

 ▶  ▶  ▶

无糖可可粉 1/2 杯（80 克）、黑巧克力 1/4 杯（50 克）、白糖 1 杯（180 克）

1. 容器中倒入无糖可可粉、白糖，搅拌均匀。
2. 将黑巧克力切成小块。
3. 将步骤 1 和步骤 2 的食材倒入搅拌机搅打，巧克力打碎后，关停机器。
4. 将制成的巧克力粉、食品级硅胶干燥剂一起放入密闭容器中保存。

COOKING TIP 短时、快速搅打巧克力

搅打巧克力时，需要短时、快速完成搅打。如搅打时间过长，巧克力中的黄油会重新凝结成块。巧克力粉制成后，需放入冰箱冷藏保存，这是因为巧克力中的成分在常温下会吸收水分再次凝结。

<u>77</u> 覆盆子冰巧克力

很多人喜欢每天喝上一杯巧克力饮品，如果喝腻了传统的巧克力饮料，可以
品尝一下口感清凉的巧克力饮品。热巧克力中，添加一大勺手工糖渍覆盆
子，便制成了世间最美味的热巧克力，再加上冰块，即成覆盆子冰巧克力。

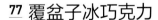

巧克力粉	2 大勺
手工糖渍覆盆子	1 大勺
牛奶	1 杯（200 毫升）
冰块	1 杯

1. 在成品杯中放入巧克力粉、手工糖渍覆盆
   子搅拌均匀，静置片刻。

2. 倒入冰块、1/2杯牛奶搅拌均匀。

3. 再倒入剩余的1/2杯牛奶搅拌均匀。

COOKING TIP **覆盆子和牛奶中的营养成分**

覆盆子和牛奶是绝配。覆盆
子果肉富含有机酸和维生
素C，非常有利于牛奶中钙
的吸收；覆盆子籽中富含
OMEGA-3。用覆盆子和牛
奶调制成的饮品富含多种营
养成分。

78 生姜热巧克力

浓郁的热巧克力搭配提神醒脑的生姜一起饮用，味道完美。添加生姜
浓缩汁调制的热巧克力可谓是老少皆宜的饮品。

巧克力粉	2 大勺
生姜浓缩汁	1 大勺
牛奶	1 杯（200 毫升）
奶油	3 大勺
开水	适量

1. 在成品杯中倒入半杯开水，烫30秒。
2. 将巧克力粉、生姜浓缩汁加入烫好的成品杯中。
3. 在平底锅中倒入牛奶，用中火煮至四周出现直径1厘米左右的气泡，关火。
4. 将温热好的牛奶倒入步骤 **2** 的液体中搅拌均匀，加入打发奶油即完成。

 保持热饮的温度

含有牛奶的热饮需要保持温度。将盛装热饮的马克杯放到厚厚的木质杯托上，或者用不锈钢保温杯来盛装饮品，都可以有效保持热饮温度。

奶茶粉

将红茶和糖混合后搅打成粉，就可以制成奶茶粉。英国早茶、伯爵红茶、阿萨姆红茶、锡兰红茶等各类红茶均可。如果家中有搅拌机，只需将红茶茶叶放入就可以制成红茶粉。可以想象出它的美味吗？现在我们选用红茶成分为100%的红茶粉来制作奶茶粉。在柠檬汽水中添加1勺奶茶粉，很快就可以调制成一杯美味的冰红茶。制成的奶茶粉需放置在阴凉的地方，保质期为6个月。

红茶粉 1/4 杯（50 克）、白糖 1 杯（200 克）

1. 红茶粉、白糖按照1：4比例备好。
2. 搅拌机中先加入质量较轻的红茶粉，再放入较重的糖，开始搅打。
3. 将制成的粉末连同食品级硅胶干燥剂一起放入密封容器中保存。

用茶包替代红茶粉

红茶粉指未添加任何香料的原味红茶粉。如果家中没有红茶粉，也可以取出茶包中的红茶来制作。将茶包中的红茶投入搅拌机中搅打过筛后，连同糖一起放入搅拌机再次搅打即完成。

<u>79</u> 皇家奶茶

很久以前到国外出差时，在路边看到速溶奶茶包，感到十分新鲜。可能因为此前只见过速溶咖啡，所有才会有这种感觉吧。只要家中有抹茶般精细的红茶粉，就能轻松做出奶茶粉。

奶茶粉	3 大勺
牛奶	1 杯（200 毫升）
热水	1/4 杯（50 毫升）

1. 在成品杯中倒入热水、奶茶粉，搅拌均匀。
2. 在平底锅中倒入牛奶，用中火煮至四周出现直径1厘米左右的气泡。
3. 在步骤 1 的杯中倒入牛奶即完成。

COOKING TIP 用茶粉调制饮品

用红茶或绿茶等茶粉调制的饮品，由于茶类本身的特性，需要等待1分钟后再饮用，这样味道才会充满茶香，美味无穷。

80 奶茶奶昔

奶茶奶昔是一款入口即化的冰淇淋柔滑质感的奶昔，更是许多咖啡厅的人气饮品。只要家中有奶茶粉和搅拌机，就可以调制出来。

奶茶粉	2大勺
冰淇淋	2球
牛奶 1/2杯（100毫升）	

1. 搅拌机中放入冰淇淋、牛奶、奶茶粉。
2. 快速搅打均匀。
3. 再用最慢的速度搅打10秒，提高质感。
4. 在成品杯中倒入液体即完成。

 调制出美味的奶茶奶昔

快速搅打是为了将食材打匀；慢速搅打是为了打出奶昔的质感。

冷泡红茶

冷泡红茶是品尝红茶最简易的方法之一，顾名思义是指用冷水浸泡红茶的方法。用冷水浸泡茶叶，只能萃取出少量的单宁酸和咖啡因，削弱了苦涩的口感。在招待客人时，端出一杯冷泡12小时调制而成的蓝莓红茶，必定惊艳四座。如果想把冷泡红茶作为调制饮料的基底，可以使用1瓶矿泉水（300毫升）和一包茶包来制作。如果想把冷泡红茶用来调节饮用水口感，只需在2升水中加入一个茶包即可。调制冷泡红茶最重要的就是时间，冷泡时间一定要达到12小时。可能大家会认为冷泡时间超过12小时，红茶浓度更高，味道也会更加浓郁，实际却并非如此，冷泡时间过长，茶汤会混浊，饮品的光泽度和味道都会明显下降。如果想将冷泡茶放置3~4天后再饮用，一定记得拿掉茶包，或者将茶汤倒入其他瓶子中冷藏保存。

 ▶  ▶

红茶茶包 1 个、水 1.5 杯（300 毫升）

1. 将红茶茶包放入矿泉水瓶中。
2. 经过12小时冷藏浸泡后，取出茶包即完成。

使用茶叶制作冷泡红茶时，用量为1小勺（2~3克）为宜

大部分红茶茶包容量为1.5~2克。如果使用红茶茶叶来制作冷泡红茶，使用2~3克为宜。使用茶包要比使用茶叶更加方便快捷。

81 苹果番荔枝冷泡饮

番荔枝是一种热带水果，又叫释迦。番荔枝红茶比番荔枝这种水果更
广为人知。它具有提高人体免疫力、抗疲劳等功效。心情不好时，不
妨喝一杯苹果番荔枝冷泡饮吧。

番荔枝红茶茶包	1个
苹果果汁	1杯（200毫升）
冰块	1杯

1. 瓶中放入番荔枝红茶茶包。

2. 再倒入苹果果汁，放入冰箱冷泡12小时。

3. 12小时以后，倒入成品杯中，茶包也倒
   入，再装满冰块饮用即可。

 自制茶包

如果家中没有茶包，只能使
用茶叶来调制饮品，可以
尝试亲自缝制茶包。只需
准备好纸质的冲茶袋，装入
2克茶叶，再用绳子绑起来
即可。也可以在绳子尾端加
上一个标签，以便标示茶叶
名称。

 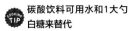

82 冰葡萄酒冷泡红茶

冰葡萄酒冷泡红茶是一种制作简便，却又令人回味无穷的饮品。使用
红茶、碳酸饮料就能够调制出味道甜美的冰葡萄酒冷泡红茶。也可用
作家庭聚餐的饮品，需在使用前3个小时开始调制。

冰葡萄酒红茶茶包	1个
碳酸饮料 1.5杯（300毫升）	
冰块	1杯

1. 瓶中放入冰葡萄酒红茶茶包。
2. 倒入碳酸饮料，放入冰箱冷泡3小时以上。
3. 3小时以后，倒入成品杯中，茶包也倒入，再加入冰块即完成。

碳酸饮料可用水和1大勺白糖来替代

如果不喜欢碳酸饮料的口感，可选择用水来冷泡。只是如果想要达到相同的甜度，需要放入1大勺白糖。另外，葡萄与冰葡萄酒冷泡红茶是绝妙的搭配，可用冰葡萄切片作为装饰。

83 冷泡奶茶

如果尝试用牛奶冷泡红茶，红茶独特的茶香会自然地浸入牛奶之中。
味道与煮沸的牛奶截然不同，口感清淡，品尝起来毫无负担。准备一
个合适的瓶子和珍藏的红茶来尝试调制一杯冷泡奶茶吧。

红茶	2 大勺
白糖	1 大勺
牛奶	1 杯（200 毫升）

1. 瓶中放入红茶和白糖。

2. 再倒入牛奶，放入冰箱冷藏室冷泡12小时。

3. 12小时后，使用滤网过滤，将奶茶倒入成
   品杯中即完成。

**挑选调制奶茶、冰红
茶的茶叶**

调制奶茶用的红茶推荐选用
茶香浓郁的斯里兰卡产锡兰
红茶、英国早茶、伯爵红
茶、阿萨姆红茶等。而制作
冰红茶时则应选用果味浓郁
的茶类，如有着葡萄香的大
吉岭红茶。

84 养乐冰红茶

养乐冰红茶是一款在酸酸甜甜的养乐多中渗透着红茶茶香的独特茶饮。选择的红茶种类不同，味道也不尽相同。即使是不爱喝红茶的人，也会喜欢这款酸甜可口的养乐冰红茶。

冰葡萄酒红茶茶包	1 个
养乐多	1 杯（200 毫升）
冰块	1 杯

1. 瓶中装入冰葡萄酒红茶茶包。
2. 倒入养乐多，放入冰箱冷泡12小时。
3. 12小时后，将茶饮倒入装满冰块的成品杯中即完成。

冷泡养乐香草茶

香草茶与养乐多的搭配也很绝妙。在养乐多中放入红色木槿茶冷泡，茶汤会泛出可爱的粉红色。如喜果香味的红茶，推荐选用蓝莓红茶或香蕉红茶进行冷泡。

冷萃咖啡

将咖啡倒入容器中，用冷水经过长时间的浸泡就可以调制出冷萃咖啡。各种冷萃咖啡的口味差别不大，但调制方法却不尽相同。美式冷萃咖啡是在容器中加入咖啡粉，倒入冷水后长时间浸泡，再经过滤调制而成，又称为冰萃咖啡。日式冷萃咖啡则是在咖啡壶中以冷水逐滴萃取而成，又称为冰滴咖啡。接下来要介绍的是美式冷泡法。这种方法调制的咖啡要经过3~4天冷藏，味道要比即刻品尝更加丰富。

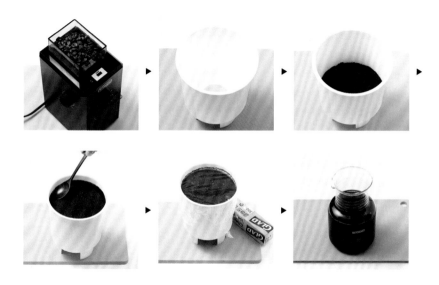

可磨成咖啡细粉的咖啡原豆 4 杯（400 毫升）、水 10 杯（2000 毫升）

1. 研磨机中加入咖啡原豆，磨成比意式咖啡粉稍粗一些的咖啡粉。
2. 咖啡壶中倒入2杯水、研磨好的咖啡粉2杯。
3. 再倒入剩余的水、咖啡粉。
4. 使用汤匙按压，使咖啡粉完全浸入水中。
5. 用保鲜膜密封，放入冰箱冷藏12小时。
6. 将萃取出的咖啡倒入没有水汽的瓶中，再次放入冰箱冷藏3天。

🏅 萃取的咖啡原液一定要稀释后饮用

冷萃咖啡原液中含有大量咖啡因，一定要用饮料或水稀释后再饮用。萃取出的咖啡建议使用小瓶分装，这样比放置在一个大瓶中保质期更长。

85 拿铁

浓咖啡与牛奶十分搭配。用冷萃咖啡调制的拿铁，咖啡香气四溢，即使冷却了再喝也非常美味。心情欠佳的日子，可以再放入一些糖。

冷萃咖啡	
	1/4 杯（50 毫升）
牛奶	1 杯（200 毫升）
开水	适量

1. 在成品杯中倒入半杯开水，烫30秒。
2. 在烫好的杯子中倒入冷萃咖啡。
3. 在平底锅中倒入牛奶，用中火煮至四周出现直径1厘米左右的气泡，关火。
4. 在步骤 **2** 的成品杯中倒入温热的牛奶即完成。

COOKING TIP　用粗砂糖来提升甜味

如果在拿铁中放入糖浆，味道会变得过于清淡。咖啡馆会使用与饮品更搭的砂糖来替代糖浆。粗砂糖的甜度不够，需适当增加用量。

86 驭手咖啡

很久以前流行过的维也纳咖啡，是一款在浓郁的黑咖啡中加入奶油或
冰淇淋的咖啡饮品。现在这款咖啡改名为驭手咖啡，名气更响。

冷萃咖啡	
	1/4 杯（50 毫升）
热水	1/2 杯（100 毫升）
白糖	1 小勺
奶油	3 大勺
开水	适量

1. 在成品杯中倒入半杯开水，烫30秒。
2. 烫好的成品杯中倒入冷萃咖啡、热水、白糖。
3. 将奶油打发。
4. 将打发奶油放入步骤 2 的液体中即完成。

COOKING TIP 奶油中加入炼乳打发

使用打发奶油给饮品装饰是调制驭手咖啡的要点，可以尝试在奶油中进行适当调味。在奶油中加入适量炼乳搅拌均匀，打发后就能制成香甜的奶油。动物奶油比植物奶油更加美味健康。

87 西柚比安科

香橙比安科是使用糖渍柠檬、莱姆酒等柑橘类水果糖渍后调制而成的
咖啡，是咖啡馆里的人气饮品。使用糖渍西柚也可以制成口感酸甜的
独具魅力的西柚比安科。

冷萃咖啡	
	1/4 杯（50 毫升）
西柚果酱	3 大勺
牛奶	1 杯（200 毫升）
冰块	1 杯
西柚干	1 片

1. 成品杯中放入3大勺西柚果酱。
2. 加入冰块。
3. 再倒入牛奶、冷萃咖啡，做出3层颜色。
4. 最后在成品上方，摆上西柚干装饰即完成。

COOKING TIP 使用水果干装饰

果味咖啡更适合冰饮，如
果制成热饮很容易产生分
离现象，因此不建议制作热
饮。如果家中有水果干，可
以放在杯子上方装饰。饮品
散发着淡淡的水果香气，更
加美味。

88 冰咖啡

很多人喜欢喝咖啡、红茶。有时也想换个口味，可以尝试将冷萃咖啡
稀释后再加入冰块饮用。如盛装到保温杯中，喝上一整天也很方便。

冷萃咖啡	
	1/4 杯（50 毫升）
冰水	1 杯（200 毫升）
冰块	1 杯

1. 准备一个带杯盖的高杯。
2. 瓶中加入冰水、冷萃咖啡。
3. 放置30~60分钟，让咖啡和水充分融合。
4. 将步骤 3 的液体倒入装满冰块的成品杯中即完成。

🏅 冷萃咖啡的熟成时间

即使是经过熟成的冷萃咖啡，在饮用前仍需等待30~60分钟的时间，让咖啡和水自然融合，这样才能品味到更浓郁的咖啡。

用水果干调制的饮品

制作好的水果干由于水分蒸发，甜度提升，营养更加丰富，香味也更加浓郁。购买应季水果，晒干后保存，可以作为日后制作饮品的关键食材。水果干的甜度虽高，但只用白开水浸泡，很难调制出浓郁的味道。选用红茶、香草茶冲泡味道更好。

◎ **主食材　水果和香草**

将水果切片，放到厨房巾上吸收水汽，进行第一次脱水。水果切成5毫米厚的片状，采用自然干燥法，需在通风处放置48小时。采用机械干燥法，需在烘干机内干燥12小时。另，干燥时间需根据水果的水分含量适当调整，使用烘干机进行干燥时，应注意调节温度，以免破坏水果的颜色。

◎ **注意事项　自然干燥 VS 烘干机**

选择自然干燥法时，将水果片单层铺在盘子里，放置在避开阳光直射的地方晾晒。由于水果干甜度较高，容易遭虫，也可以放置吹风机进行驱虫。如使用烘干机，应以70℃以下的温度烘干，有助于保持水果原色。

◎ **制作重点　酸味水果需添加糖浆**

柑橘类水果大多带有酸味，糖可以中和酸味，提升口感。干燥前可以在水果片上涂抹糖浆，一定要记得用厨房巾去除水汽后再涂抹，这样就能制成有涂层效果的水果干。如果要制成色泽艳丽的水果干，可以反复涂抹糖浆，若水果为容易变色的水果，建议再涂上柠檬汁，这样可以延迟其变色。

◎ **保存方法　冰箱冷冻室保存**

晾晒好的水果干应小心叠放在密闭容器中，放入冰箱冷冻保存。也可以按照一次使用的分量分别存放在密封袋中。存放时应避免破坏水果干的原有状态，需小心存放。水果干在冷冻状态下的保质期为1年。

柠檬干

柠檬水是公认的最佳排毒饮品，没有鲜柠檬时，可用柠檬干，只要准备好柠檬、糖，再预留充足的时间，就能简单快捷地完成自制手工柠檬干。制作柠檬干时，应保留富含营养且充满香气的柠檬皮。柠檬晒干后，维生素、矿物质、钙含量会增加5~10倍。制作水果干所用糖浆的制法为糖与水按1:1的比例混合而成。

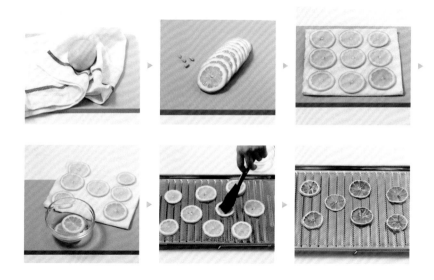

中型柠檬2个、糖浆4大勺

1. 柠檬洗净后，擦干水。
2. 清洗好的柠檬切成5毫米厚的片状，去除柠檬籽。
3. 柠檬片放到厨房巾上，上下分别擦拭30秒，除去水分。
4. 柠檬片放入糖浆中浸泡片刻。
5. 将柠檬片放入托盘中，放置在通风的地方晾晒2天。
※如果使用烘干机，应设置在60℃，烘干时间为6小时。

青柠干

中型青柠3个、糖浆4大勺

1. 青柠洗净后，擦干水。

2. 清洗好的青柠切成3毫米厚的片状。

3. 青柠片放到厨房巾上，上下分别擦拭10秒，除去水分。

4. 青柠片放入糖浆中浸泡片刻。

5. 将青柠片放入托盘中，放置在通风的地方晾晒1天。

※如果使用烘干机，应设置在50℃，烘干时间为6小时。

西柚干

中型西柚3个、糖浆4大勺

1. 西柚洗净后，擦干水。

2. 清洗好的西柚切成7毫米厚的片状。

3. 西柚片放到厨房巾上，上下分别擦拭30秒，去除水分。

4. 西柚片放入糖浆中浸泡片刻。

5. 将西柚片放入托盘中，放置在通风的地方晾晒2天。

※如果使用烘干机，应设置在60℃，烘干时间为12小时。

猕猴桃干

中型猕猴桃3个、糖浆2大勺

1. 猕猴桃去皮。

2. 将猕猴桃切成7毫米厚的片。

3. 猕猴桃片单层放入烘干机中。

4. 猕猴桃片放入糖浆中浸泡片刻。

※如使用烘干机，应设置在60℃，烘干时间为12小时。

蓝莓干

蓝莓200克

1. 蓝莓洗净后，擦干水分。
2. 蓝莓单层放入烘干机中。
3. 烘干机应设置在60℃，干燥时间为12小时。
4. 12小时后，将烘干后的蓝莓聚在一起，轻轻揉搓，这样蓝莓的口感和香味会变得更好，但注意不要破坏蓝莓表皮。
5. 再次将蓝莓放入烘干机中以60℃烘烤，烘干时间为2小时。

风干罗勒

罗勒叶20克

1. 准备好整株的罗勒叶。
2. 将罗勒叶用线穿起来。
3. 悬挂在通风好、阳光充足的地方进行风干。
4. 2天后完成制作。

风干薄荷

薄荷叶20克

1. 薄荷叶清洗干净后，擦干水分。
2. 将薄荷叶单层平铺在托盘中。
3. 薄荷叶放置在阳光充足的地方晾晒2天。

菠萝干

中型菠萝1个

1. 将菠萝去皮。
2. 将菠萝切成5毫米厚的圆片形状。
3. 菠萝片放置在厨房巾上，上下各擦拭10秒钟，去除水分。
4. 菠萝片单层平铺在托盘中，放入烘干机中烘干。
5. 烘干机温度设置在60℃，烘干时间为12小时。

8 种复合维生素饮品

使用水果干就能方便快捷地调制出复合维生素饮品，它可是补充能量的最佳饮品。调制维生素饮品时，可以同时放入果肉硬度差不多的水果干，因水中萃取出营养成分的时间相近，味道也十分均衡。酸味水果和甜味水果也能成为绝佳组合。每日清晨用一杯复合维生素饮品，开启全新的一天吧。

89 蓝莓玫瑰饮

蓝莓干8颗 + 玫瑰花瓣1小勺 + 水250毫升

功效：提高免疫力 + 明目 + 改善女性疾病

90 粉红淑女

西柚干1片 + 蓝莓干4颗 + 风干罗勒1片 + 木槿花茶1小勺 + 水250毫升

功效：减重 + 改善皮肤状况 + 改善肾脏功能 + 提高免疫力

91 柠檬迷迭香

柠檬干2片 + 风干迷迭香1小勺（2克）+ 水250毫升

功效：消除疲劳 + 抗氧化 + 排毒

89　　90　　91

92 迷情椰萝

菠萝干1片 + 椰子水250毫升

功效：助消化 + 消除疲劳 + 有助废旧物质排出 + 强化肌肉

93 苹果薄荷青柠饮

风干苹果薄荷1小勺（2克）+ 青柠片2片 + 水250毫升

功效：助消化 + 提高免疫力 + 舒缓情绪

94 韵律绿茶饮

柠檬干1片 + 西柚1片 + 绿茶1小勺 + 水250毫升

功效：抗氧化 + 减重 + 改善皮肤状况

95 猕猴桃草莓绿茶饮

猕猴桃干1片 + 西柚干1片 + 绿茶1小勺 + 水250毫升

功效：预防便秘 + 改善皮肤状况 + 辅助预防高血压

96 西柚菠萝饮

西柚干1/2片 + 菠萝干1/2片 + 水250毫升

功效：抗氧化 + 预防感冒 + 消除疲劳 + 解酒

制作方法

1. 准备一个干净的瓶子。
2. 将水果干或香草茶放入瓶中。
3. 盖上盖子，轻摇后放入冰箱冷泡12小时。
4. 12小时以后成分全部混合均匀，即可饮用。

92　　　93　　　94　　　95　　　96

97 青柠大吉岭红茶

将青柠干放入熟透的有着麝香葡萄味的大吉岭红茶中，倒入热水冲泡，就能调制出充满果香味的红茶。在炎热的夏日，吹着空调煮上一杯热茶，别有一番风味。夏日的青柠大吉岭红茶是可以替代冷饮的一种饮品。

青柠干	3 片
大吉岭红茶	1 小勺
热水	1.5 杯（300 毫升）
开水	适量

1. 在茶壶和成品杯中各倒入1/2的开水，烫30秒。

2. 在烫好的茶壶中，放入青柠干和大吉岭红茶，再倒入热水。

3. 4分钟后，将步骤 **2** 的成品茶倒入烫好的杯中即完成（不必捞出青柠干）。

大吉岭红茶的种类

大吉岭红茶的产地位于印度喜马拉雅山麓下，按照采摘的季节可以分为3种：3~4月的春摘，5~6月的夏摘，秋天完成的秋摘。其中要数夏摘的人气最高。

98 蜂蜜柠檬茶

柠檬和蜂蜜的组合在冬季的功效能发挥到极致。咳嗽严重时，品尝一杯添加蜂蜜的柠檬水，有清肺止咳的功效。有时制作糖渍柠檬也会放入蜂蜜，但是糖渍中的蜂蜜放置后会变成水状物，因此并不推荐这种做法。

柠檬干	3块
蜂蜜	1大勺
热水	1.5杯（300毫升）
开水	适量

1. 在茶壶和成品杯中各倒入1/2的开水，烫30秒。

2. 在烫好的茶壶中，放入柠檬干和蜂蜜，再倒入热水。

3. 4分钟后，将步骤 **2** 的成品茶倒入烫好的杯中即完成（不必捞出柠檬干）。

添加柠檬汁

柠檬干会散发柠檬香味，但是酸味却所剩无几。如果想品尝酸甜口味的柠檬茶，可以在饮品中添加1/2勺柠檬汁。柠檬独有的酸甜口感瞬间在口中四溢，回味无穷。

99 迷迭香青柠茶

青柠富含大量类黄酮成分，抗氧化功效显著。用青柠再加上具有缓解
疲劳功效的迷迭香混合调制而成的茶饮，拥有补药般的神奇效果。

青柠干	2片
风干迷迭香	1小勺（2克）
热水	1.5杯（300毫升）
开水	适量

1. 在茶壶和成品杯中各倒入1/2的开水，烫30秒。

2. 在烫好的茶壶中，放入青柠干和风干迷迭香，再倒入热水。

3. 4分钟后，将步骤 2 的成品茶倒入烫好的杯中即完成（不必捞出青柠干、迷迭香）。

香气和味道的提升

如果风干迷迭香的香气太弱，也可以再放入新鲜迷迭香。如果喜欢浓郁的茶香味，也可以放入糖渍青柠。这两种做法都是可以提升饮品香气和味道的好办法。

<u>100</u> 猕猴桃罗勒茶

罗勒具有健胃的功效，同时也具有抗菌作用，可以辅助改善病毒引起的疾病。但是单独作为茶饮时，其独有的香气有些过于浓烈。因此可以选择多种水果与罗勒混合饮用，口味更佳。

猕猴桃干	2 片
菠萝干	1/2 片
风干罗勒叶	5 片
水	1.5 杯（300 毫升）
开水	适量

1. 在茶壶和成品杯中各倒入1/2的开水，烫30秒。

2. 在烫好的茶壶中，放入猕猴桃干、菠萝干和罗勒叶，再倒入热水。

3. 4分钟后，将步骤 **2** 的成品茶倒入烫好的杯中即完成（不必捞出水果干、罗勒叶）。

🔵 **活用水果干**

如果家中的菠萝干、猕猴桃干、风干罗勒叶数量充裕，也可以尝试将它们添加到菜肴中。将这3种食材切碎后放入沙拉中，水果的甘甜、罗勒叶的清香都可以提升沙拉的口感。

索引

按照饮品种类查找

原书名：한입에 가정식 음료 100

版权所有©2017年，Shin Song Yi 保留所有权利。

韩国首尔 SUZAKBOOK 出版韩国原版

中文简体字版 ©2022 机械工业出版社

本中文简体字版由 SUZAKBOOK 通过 Arui Shin Agency 和千太阳文化发展（北京）有限公司授权出版。未经版权所有者事先许可，不得复制、在检索系统存储，或以任何方式（电子、机械、影印、录音或其他方式）传播本出版物的任何部分。

北京市版权局著作权合同登记　图字：01-2020-3380 号。

图书在版编目（CIP）数据

咖啡馆招牌饮品 /（韩）申颂尔著；梁超，刘凝译. — 北京：机械工业出版社，2022.10
（开家咖啡馆）
ISBN 978-7-111-71610-5

Ⅰ.①咖⋯　Ⅱ.①申⋯　②梁⋯　③刘⋯　Ⅲ.①咖啡 – 配制
Ⅳ.①TS273

中国版本图书馆CIP数据核字（2022）第171984号

机械工业出版社（北京市百万庄大街22号　邮政编码100037）
策划编辑：卢志林　　　　　　责任编辑：卢志林　范琳娜
责任校对：史静怡　王　延　　责任印制：张　博
北京华联印刷有限公司印刷
2023年1月第1版第1次印刷
165mm×220mm · 11.5印张 · 2插页 · 220千字
标准书号：ISBN 978-7-111-71610-5
定价：88.00元

电话服务　　　　　　　　　网络服务
客服电话：010-88361066　　机 工 官 网：www.cmpbook.com
　　　　　010-88379833　　机 工 官 博：weibo.com/cmp1952
　　　　　010-68326294　　金 书 网：www.golden-book.com
封底无防伪标均为盗版　　机工教育服务网：www.cmpedu.com